黄河口国家公园丛书（三）

鸟类图鉴

单凯　王天鹏　赵亚杰　王忠敏　主编

山东科学技术出版社
·济南·

图书在版编目（CIP）数据

黄河口国家公园丛书. 三, 鸟类图鉴 / 单凯等主编. 济南 : 山东科学技术出版社, 2024. 10. -- ISBN 978-7-5723-0933-5

Ⅰ. S759.992.52；Q959.708-64

中国国家版本馆 CIP 数据核字第 2024Z8L184 号

黄河口国家公园丛书（三）鸟类图鉴

HUANGHEKOU GUOJIA GONGYUAN CONGSHU SAN NIAOLEI TUJIAN

责任编辑：陈　昕　徐丽叶　庞　婕

主管单位：山东出版传媒股份有限公司

出 版 者：山东科学技术出版社

地址：济南市市中区舜耕路 517 号

邮编：250003　电话：（0531）82098088

网址：www.lkj.com.cn

电子邮件：sdkj@sdcbcm.com

发 行 者：山东科学技术出版社

地址：济南市市中区舜耕路 517 号

邮编：250003　电话：（0531）82098067

印 刷 者：山东彩峰印刷股份有限公司

地址：潍坊市潍城区玉清西街 7887 号

邮编：261031　电话：（0536）8311811

规格：16 开（159 mm × 230 mm）

印张：34　　**字数：**430 千

版次：2024 年 10 月第 1 版　**印次：**2024 年 10 月第 1 次印刷

定价：228.00 元

编辑委员会

序 言

1855 年，黄河在河南省兰考县东坝头附近决口，夺大清河，在山东省东营市流入渤海。自 1855 年至今，黄河入海流路发生了 9 次改道，形成了总面积近 5400 km^2 的近代黄河三角洲和总面积约 2400 km^2 的现代黄河三角洲。

黄河三角洲是黄河携带大量泥沙在渤海凹陷处沉积形成的冲积平原，“沧海桑田进行史”正是黄河口湿地的真实写照。黄河口湿地保持着原始的自然状态，具有原真性、完整性、典型性生态特性，成为世界上研究河口湿地形成、发展与演替的天然实验室，也是国家湿地保护的典型代表。

黄河口拥有我国暖温带保存最完整的湿地生态系统，为各类动植物，尤其是鸟类的生长发育和繁衍生息创造了良好的条件，孕育了丰富的物种多样性，成为环西太平洋和东亚—澳大利西亚鸟类迁徙路线上重要的中转站、越冬地和繁殖地。每年，数以百万计的水鸟都要进行惊人的长距离往返飞行，从北极的繁殖地向南飞越东亚、东南亚，到达南半球的澳大利亚、新西兰，并在那里越冬。这条迁徙路线途经 22 个国家，跨越了广袤的陆地、海洋，涉及 250 多种、超过 5000 万只水鸟，其中 28 种已被列为全球濒危物种。候鸟每年要完成数万千米的往返历程，需要沿途各个国家、地区共同努力，以保障水鸟生存所必需的通道。黄河口湿地为迁徙鸟类提供必要的食物资源、充足的能量补充、优良的生存环境，为保护鸟类这一人类共同的生物资源发挥了极为重要的作用。

2021 年 10 月 20 日，习近平总书记视察黄河入海口时指出，“黄河三角洲自然保护区生态地位十分重要，要抓紧谋划创建黄河口国家公园，科学论证、扎实推进”，并强调，“要把保护黄河口湿地作为一项崇高事业，让生态文明理念在实现第二个百年奋斗目标新征程上发扬光大，为实现社会主义现代化增光增色”。我们牢记习近平总书记的殷切嘱托，坚持保护优先、绿色发展，扎实推进黄河三角洲生态保护修复，统筹促进湿地生态系统健康，持续提高生物多样性，推动实现整体保护、系统修复、综合治理，使区域湿地生态环境明显改善、生物多样性显著提高。

鸟类是生态环境的指标物种，是生态环境变化的“晴雨表”，更是黄河口的宝贵生态资源和生物多样性的重要组成部分。为此，我们系统整理了《黄河口国家公园丛书（三）鸟类图鉴》，以图文并茂的方式介绍了黄河口鸟类的形态、习性、栖息环境、居留时间、种群数量等，以期增加公众对黄河口生态及其鸟类资源的了解，参与鸟类保护事业，共同推进建设人与自然和谐共生的生态文明事业。

目　录

国家二级保护鸟类（70种） ………………055

第一章 概述

一、鸟种说明

独特的地理位置、优越的生态环境，赋予了黄河口丰富的鸟类资源。对这些资源开展长期监测、系统整理，反映当地鸟类资源状况、物种丰富度、生态价值等信息，从而为当地政策决策、生态保护等工作提供有价值的资料是本书的初衷。基于以上考虑，本书总结整理了多年来关于黄河口鸟类监测的成果，收集记录观鸟爱好者、鸟类摄影者的第一手资料，从鸟种的分类地位、保护级别、野外识别、分布区域、适宜生境、出现时间、生态习性等方面进行概括，以期反映当地鸟类资源的真实状况。

关于世界鸟类，目前主要有世界鸟类手册（HBW）& 国际鸟盟（BirdLife International）名录、克莱门茨（Clements）名录、霍华德 & 摩尔（Howard & Moore）名录和世界鸟类学家联盟（IOC）名录四大主流分类方法。《中国鸟类分类与分布名录（第三版）》主要采用霍华德 & 摩尔名录法，观鸟爱好者所依据的《中国观鸟年报－中国鸟类名录》采用的是世界鸟类学家联盟名录的分类方法，两种分类方法造成了官方学术和民间观鸟团体在鸟类描述方面的差异。2023 年 6 月，郑光美院士出版的《中国鸟类分类与分布名录（第四版）》（以下简称“郑四版”）采用了与《中国观鸟年报－中国鸟类名录》相同的世界鸟类学家联盟名录的分类方法，这种统一减少了不同层面鸟类描述的差异。2018 年，《中华人民共和国野生动物保护法》进行了第三次修正。2021 年，国家林业和草原局、中华人民共和国农业农村部联合调整了《国家重点保护野生动物名录》，对鸟类保护等级也进行了较大调整。

鸟种是生物多样性保护中的一个重要层次，是相关保护部门立法、政策执行的可操作单位。对于鸟种的分类，本书采用了郑四版及最新调整的《国家重点保护野生动物名录》。至本书出版时，黄河口共记录野生鸟类 403 种。

需要说明的是，鸟种的分布是个动态变化的过程。生态类型改变、气候异常、人类活动等诸多因素都会影响鸟种的分布，未被观测到的鸟种依然存在，亚种提升为种或不同亚种间种的合并也影响到鸟种的统计。为保证鸟种统计的真实性，本书以野外观察目击记录、摄影照片、实物等真实证据为主，避免采用未经野外证实、没有历史记录的数据。

二、鸟种识别

野外观察到的信息都可以帮助识别鸟种，其中鸟类的外形特征、行为及环境是野外识别鸟种的主要依据。

1. 外形特征

体形大小 鸟类图鉴大都给出鸟类的体长及翅长说明。在野外观鸟中，虽然无法确认鸟类的确切体长数据，但可根据图鉴中对体形的描述给出大体判断。如猛禽体形明显大于鸣禽，我们常见的麻雀体长为 14 cm，喜鹊为 45 cm。

体形特征 描述鸟类轮廓的外形特征或剪影，这在判定某些鸟类时很有帮助。如鹭类在休息、飞翔时颈部呈“S”形，游禽游泳的姿势与其他鸟类有很大差异等。

嘴形及脚形 嘴、脚与鸟类的食性密切相关，许多鸟种有独特的嘴、脚形状，而且特征相对固定，在确认鸟类、识别鸟种时是重要依据。

翅及尾 鸟类被羽、善于飞翔是区别于其他动物的典型特征。鸟类的翅用于飞翔、尾用于控制方向，不同的鸟类翅、尾形状各不相同，并与行为相适应。如鸣禽翅宽圆而尾长，这样可以在林间快速起飞、转向。

羽色 这也是鸟类外形的重要信息。在鸟类成长过程中，雏鸟、幼鸟、亚成鸟、成鸟体色可能有差别，有的种类雄、雌有差别，有的冬羽和夏羽也不同。

体斑 包括头部的冠纹、侧冠纹、眉纹、颊纹等以及上体、下体的纵纹、横纹等，这些体斑的形态、颜色是确认鸟种的重要依据。

2. 行为特征

包括觅食、休息、摆尾、飞翔、行走、鸣叫等动作行为。如攀禽飞翔呈波浪形，许多柳莺的识别借助于鸣叫等，鸟类的特殊行为也是野外识别的重要依据。

3. 环境信息

不同的鸟类生活在不同的环境中，识别鸟种还要结合鸟类所处的环境。比如，涉禽适合浅水生境，游禽喜欢深水区域。

三、识鸟技巧

1. 了解鸟类的结构与名称

观鸟者应该熟悉、了解鸟类的结构及各部分的名称，这些基础知识对于识别鸟种大有帮助。一是可以查阅相关的鸟类图鉴，帮助识别鸟种；二是可以同有经验的观鸟者交流，提高观鸟水平；三是对于野外不认识的鸟种，可以做好标记、描述，便于今后查阅资料确认鸟种。

2. 对比与归纳

把有相似外形特征、习性和生境相同的鸟类归为一类，总结出这类鸟区别于其他鸟类的特征，是研究鸟类、识别鸟类的重要方法。在同一类中，再进一步通过细节的对比来区别鸟种。另外，可以把不同类中外形相似的鸟种有意识地放在一起对比，总结出不同鸟种的相同之处和细小差别，通过对比确认鸟种。

3. 认准标识

标识是某一鸟种区别于其他鸟种的独特外形特征或行为，是一种或几种鸟类典型特征的组合。因为标识具有独特性，可以直接确认鸟种，在识别鸟种中十分重要。如嘴长、形如勺形的为白琵鹭或黑脸琵鹭，通过脸部黑色斑块的区别可在这两种中进一步确认具体鸟种。一个高效而准确的识别鸟种的方法就是找准鸟类的标识，并进一步确认这些标识。寻找、确认标识贯穿于观鸟的整个过程，也是确认鸟种的重要步骤。

4. 学习与交流

在野外观鸟中，有经验的鸟友会给我们带来诸多有益的启发。他们的观鸟习惯、观鸟行为、识别要点对我们学习观鸟大有帮助。技能高超的观鸟者凭直觉就能准确识别鸟种,这种直觉是观鸟经验的积累和结晶。

5. 兴趣是最好的老师

兴趣让我们走进大自然，体验观鸟的乐趣，并持之以恒，乐此不疲。

四、自然密码

观鸟的乐趣不仅在于识别鸟种、体验生物多样性之美与大自然的奥妙，更在于在观鸟过程中建立的自身与自然的连接，体悟物我两忘、融入自然的美好。观鸟，让我们走进自然、体验自然，是我们打开自然之门的钥匙。

长期的生物进化使鸟类的形态、行为与它们的生活环境相适应，而鸟类的生活环境也会影响到鸟类的形态、行为，两者间的相互作用揭示了有趣的自然密码。鸟类的形态、行为可以揭示环境的秘密，而在不同的生境中甚至可以预测某些鸟种是否会出现。

食物、水、隐蔽物及人为干扰是鸟类生存的四大要素，食物、水保证了鸟类的基本生存需要，隐蔽物及人为干扰影响着鸟类生存的空间及心理需要。鸟类的嘴形、脚形与食性密切相关，是生物进化与生态适应相互作用的结果。

单一环境中出现的鸟的种类可能相对单一，原因是这种生境不能满足多种鸟类生存的基本要求。多种生境的交错地带鸟种可能更多，如在草地、农田与树林的交错带，鸟种比单一的农田或树林更多。

在观鸟的过程中，了解并思考这种有趣的相互关系，会给我们带来些意外的生态学知识，我们得以体验大自然的神奇魅力，感叹地球的生物多样性。同时，这种关注对我们树立良好的生态价值观有重要启发，它让了解自然、关注生态、保护鸟类成为自觉行为，成为我们观鸟活动的行为准则。

五、本书结构

本书从管理应用的角度进行了章节编排，因此不同于常见鸟类图鉴的排版方式。

在特色鸟类方面，首先介绍了黄河口的生态特点，以便读者对鸟类的生境有基本了解；其次，对黄河口的鸟类特点做了综述，使读者对黄河口的鸟类有初步印象；最后，本书对“中国东方白鹳之乡”“中国黑嘴鸥之乡”黄河口的保护历程及管理方式进行了说明。

国家一、二级保护鸟类是保护管理的重要目标，也是观鸟者津津乐道的对象。本书将此部分提至鸟种描述的最前面，并进行了更为详细的描述。

在鸟类识别部分，本书倾向于使观鸟入门者与专业爱好者都有所收获，并尽量避免生僻术语的干扰，使读者在观鸟实践中更易掌握鸟类识别的技巧。因此，本书采用了鸟类生态型的分类方式，先将不同鸟类的共性进行描述，然后对特定类型进行细分，总结其共性，最后阐述具体鸟种的特征。在鸟种的描述中，介绍了雌鸟、雄鸟、亚成鸟、幼鸟不同鸟种及冬羽、夏羽的野外特征，对其在黄河口的生活环境、分布时间、生态习性进行了说明。遇到易混淆的不同鸟种，则介绍识别的要点，并对比其相似性。这种描述方式有利于总结与归纳、对比与分类，提升读者识鸟的技能。当然，这是本书实践的总结，有个人经验的成分，其不足之处期待读者的指正。

最后，强调一下本书的两条线索——观鸟过程中鸟类识别的实践及对鸟类与环境关系的思索，这两条线索贯穿于观鸟始终。前者让我们提升鸟类识别的技能，后者让我们感受鸟类与自然生态的联系，这让我们在收获观鸟乐趣的同时，获得有益的人生体验。观鸟是大自然馈赠给我们的宝贵人生体验，并揭示了人类在自然生态中的真实定位。

第二章 黄河口特色鸟类

1 生态及鸟类特点

新生湿地生态系统和珍稀濒危鸟类资源是黄河口重要的生态资源，也是黄河口的生态特色。

一、生态特点

黄河是中国第二、世界第五大河流，也是世界上泥沙含量最高的河流。黄河携带大量泥沙注入渤海，在河海动力的双重作用下，巨量的泥沙在黄河入海口处淤积沉积成陆，形成“共和国最年轻的土地”。同中国其他的大江、大河及珠三角、长三角相比，黄河口经济开发较晚，人为活动较少，保存了原始的生态环境。

黄河及渤海的双重作用导致近海滩涂、河流、芦苇沼泽等自然生境及池塘、盐池、农田、草地、灌丛等人为生境形成。同时，黄河口地处东亚—澳大利西亚和环西太平洋地区鸟类迁徙路线上的中间环节和咽喉要道，是候鸟迁徙停歇的必经之地。

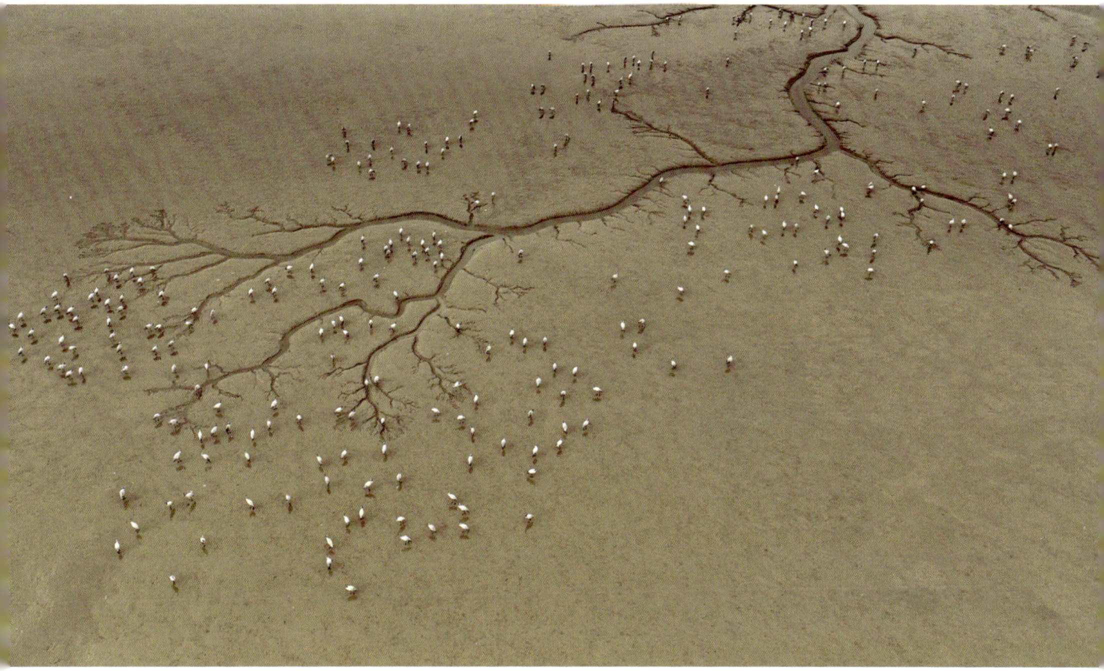

同其他湿地相比，黄河口湿地具有以下典型特点：

生态原始 沧海桑田进行时，黄河携带的大量泥沙在近海处沉积成陆，形成了“共和国最年轻的土地”。这里处在发生、发展、演替的最初阶段，保持着最原始的自然状态，是研究湿地生态系统发展演替的天然实验室。

生境丰富 黄河在这里入海，渤海与黄河交汇，形成了既有淡水湿地，又有咸水湿地的丰富湿地类型。在全国 5 类 42 型湿地中，东营市有 4 类 18 型，生境丰富多样，在全国极为罕见。

生物多样 共有野生动物 1776 种、植物 685 种。渤海湾是多种鱼类的产卵场和洄游通道，素有“百鱼之乡”“东方对虾故乡”的美誉。

生态脆弱 黄河口成陆时间短，湿地生态系统脆弱。黄河径流量、输沙量等因素影响着湿地的形成和演替，海水入侵会造成海岸蚀退、土壤盐渍化，导致生态退化。

二、鸟类特点

鸟类是生物多样性保护的主体和显著特色，黄河口鸟类具有以下典型特性：

种类多 鸟类 403 种（至 2024 年），其中国家一级 26 种、二级 70 种，分别占中国鸟类总种数的 26%、28% 和 22%。

数量大 38 种候鸟超过全球或其迁徙路线上总数量的 1%，由此，黄河三角洲国家级自然保护区被列入国际重要湿地名录。

全球地位突出 在全球 9 条候鸟迁徙路线中，黄河口横跨东亚—澳大利西亚和环西太平洋 2 条候鸟迁徙路线，是候鸟迁徙的咽喉要道和必经之地；因丰富的鸟类资源，黄河口被列入亚洲生物多样性热点区域。

受保护鸟种多 黄河口鸟类中，被世界自然保护联盟濒危物种红色名录列为“极危”的有 4 种，“濒危”的有 11 种，“易危”的有 18 种；被列入《濒危野生动植物种国际贸易公约》附录 I 的共 11 种，附录 II 的共 44 种。

特色鸟种丰富 全球范围内一共有 15 种鹤，亚洲和中国有 9 种，其中黄河口就有 7 种，是世界上鹤类最为丰富的地区；世界上有 7 种天鹅，亚洲总共有 3 种，黄河口就有 3 种，是世界上天鹅类最为丰富的地区；黄河口有东方白鹳中国最大的繁殖种群，被评为“中国东方白鹳之乡”；黄河口是世界黑嘴鸥三大繁殖地之一，被评为“中国黑嘴鸥之乡”；卷羽鹈鹕东亚种群不足 200 只，黄河口有超过 80 只，是其重要的迁徙中转站；大鸨在黄河两岸越冬，黄河口是其重要越冬地。

三、世界自然遗产地

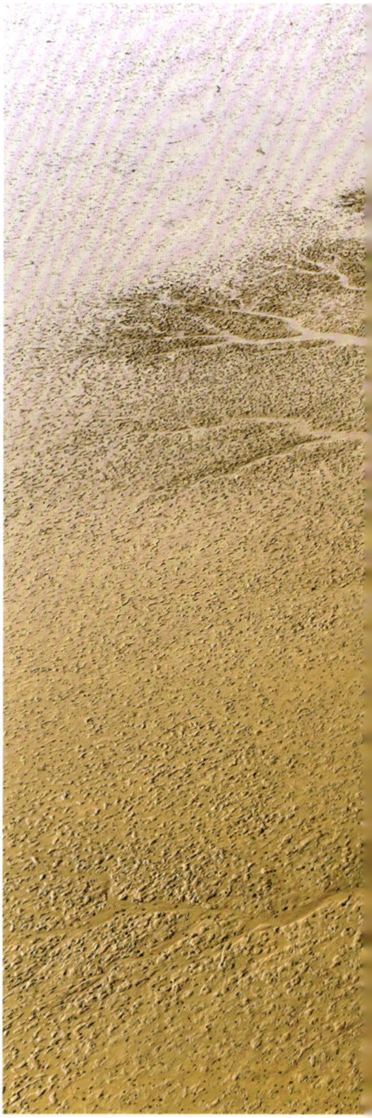

黄（渤）海候鸟栖息地位于亚洲大陆与太平洋之间，总面积 45.8 km^2，是中国唯一的海洋类型生态区和世界上最大的泥质滩涂潮间带。黄（渤）海候鸟栖息地涵盖了湿地的全部 5 个生境类型。多样的湿地类型、良好的生态环境、丰富的生物多样性使黄（渤）海候鸟栖息地成为水鸟南北迁徙的重要驿站，也是东亚—澳大利西亚水鸟迁徙路线的重要组成部分。

在全球鸟类迁徙路线中，东亚—澳大利西亚迁徙路线是鸟类最丰富、濒危物种最多、受威胁程度最高的迁徙路线，它跨越了 22 个国家，有 250 余种水鸟，数量超过 5000 万只，28 种水鸟被列为全球濒危物种。

黄渤海是东亚—澳大利西亚水鸟迁徙路线上最重要的区域，它拥有世界上面积最大的泥沙滩涂，是迁徙路线上水鸟的重要中转站，为维持水鸟生命链条及水鸟迁徙中的停歇和营养补充提供重要保障。据统计，黄渤海每年有超过 240 种水鸟在此繁殖、迁徙停歇和越冬，其中 22 种水鸟为全球受威胁物种，近百种水鸟种群数量超过全球种群总数的 1%。

黄河口是水鸟迁徙重要栖息地，是世界自然遗产地。每年 151 种水鸟在此迁徙、停歇和越冬，其中有 22 种全球受威胁物种，38 种水鸟种群数量超过全球或其迁徙路线种群总数的 1%。

2 中国东方白鹳之乡

一、独立物种

东方白鹳一直被认为是白鹳的一个亚种，即白鹳东方亚种，直到20世纪80年代初，东方白鹳作为独立物种的分类地位才被国际学术界广泛接受。在2021年新颁布的《国家重点保护野生动物名录》中，东方白鹳作为独立种被列为国家一级保护鸟类。

二、保护状况

东方白鹳历史上曾广泛分布，由于非法狩猎、农药、栖息地锐减和化学毒物污染等原因，东方白鹳的种群数量逐渐减少。20 世纪 70 年代，日本和韩国的野外种群已灭绝。目前，估计全球种群为 8000~12 000 只，被列为全球濒危物种。

三、繁殖历程

在历史上，黄河口地区无东方白鹳繁殖记录。1998—2000 年，日本学者利用卫星跟踪技术研究东方白鹳的秋季迁徙过程，研究结果证明位于辽东湾、莱州湾、渤海湾的停歇地对整个迁徙过程尤为重要，黄河口处于这一区域的核心地带。此次研究成果首次在国际上证实黄河口存在东方白鹳。

2003 年，东方白鹳首次在黄河三角洲国家级自然保护区

筑巢产卵，但当年未成功孵化雏鸟；2005 年，2 巢东方白鹳在该保护区内首次繁殖成功，孵化雏鸟 7 只，随后东方白鹳种群逐年增加；随着东方白鹳繁殖种群密度饱和，其繁殖种群逐步扩散，目前，黄河口繁殖种群超 200 对，为中国最大繁殖地。

因对保护东方白鹳做出突出贡献，2010 年中国野生动物保护协会授予山东省东营市“中国东方白鹳之乡”称号。

四、繁殖习性

东方白鹳从筑巢繁殖至雏鸟离巢，大体经过以下阶段：

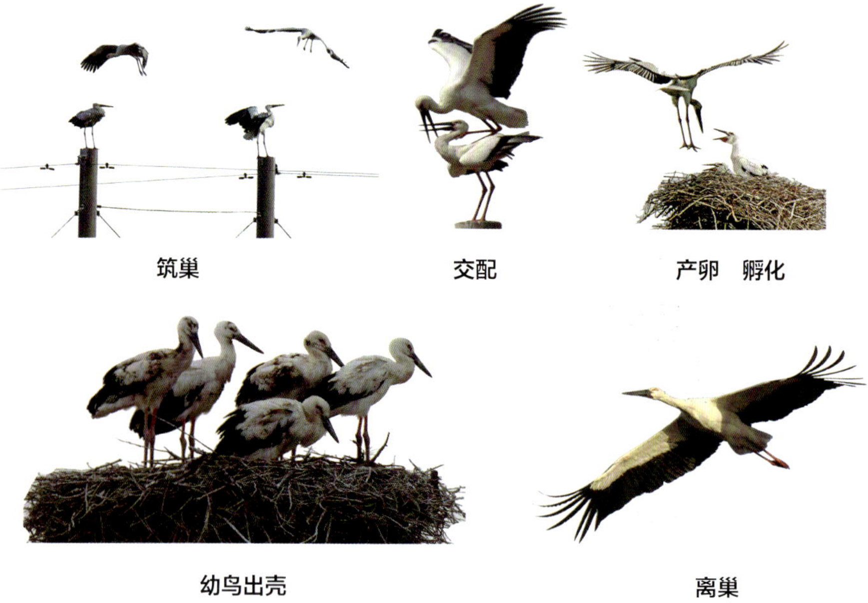

东方白鹳繁殖过程

◎ **筑巢：**自 1 月下旬开始至繁殖期结束。主要在水泥电线杆、人工招引杆或者高压输电铁塔上。巢基本呈圆框形，硬巢材为枯死的柽柳枝或旱柳枝，软巢材为芦苇絮。

◎ **交配：**1~4 月，雄性为争夺交配权而竞争。

◎ **产卵：**交配后不久即产卵，每窝产卵 3~5 枚，白色。

◎ **孵化：**一般为 33 天，雌雄亲鸟轮流孵卵。

◎ **幼鸟出壳：**大部分 3~4 月，也有因受到干扰而重新交配繁殖致使出壳时间推迟的情况。

◎ **育雏：**一般为 45 天，雌雄亲鸟均参与育雏。

◎ **离巢：**幼鸟出飞时间一般在 6~7 月，个别延迟到 8 月上旬。

五、迁徙路线

利用卫星跟踪器发现，在黄河口繁殖的东方白鹳，其北迁至中俄边界，南至长江中下游地区。黄河口既是东方白鹳的繁殖地，又是其重要的迁徙中转站。

六、生态掠影

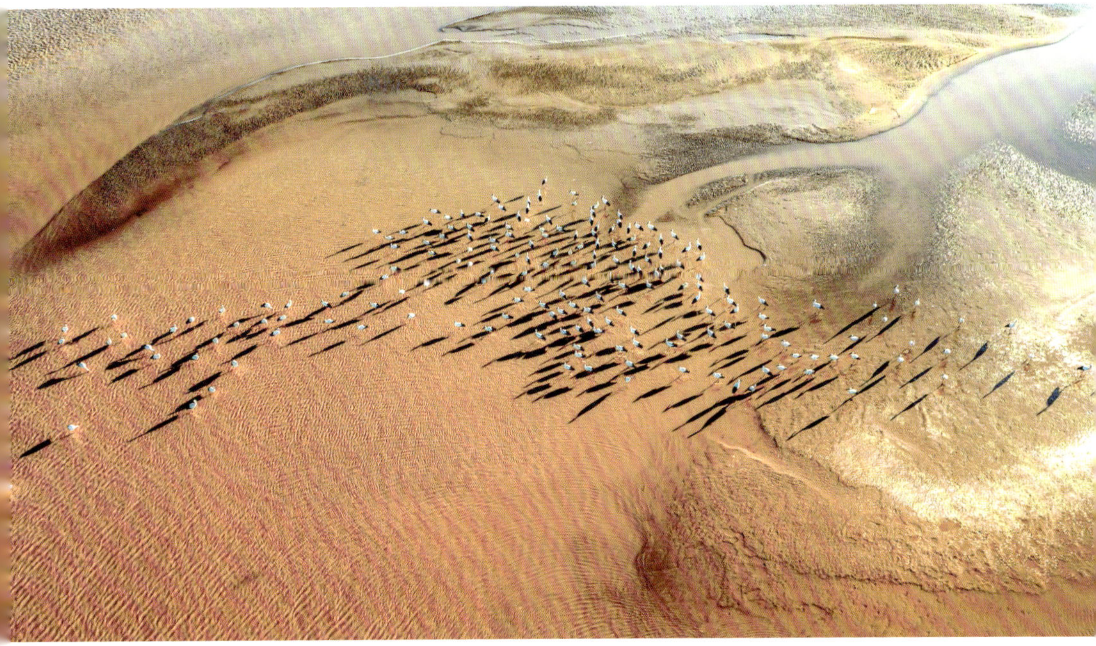

3 中国黑嘴鸥之乡

一、保护状况

黑嘴鸥是世界易危物种、国家一级保护鸟类，仅分布于东亚地区。目前，估计黑嘴鸥世界种群数量14 400只。辽宁省双台河口国家级自然保护区、山东省黄河口、江苏省盐城市是黑嘴鸥的三大繁殖地。研究表明，双台河口繁殖的黑嘴鸥到韩国越冬，黄河口繁殖的黑嘴鸥到日本九州越冬，或经我国江苏省盐城市到华南地区越冬。

二、繁殖历程

1987 年，鸟类学家梅伟仪（Melville）在江苏省盐城市意外观察到黑嘴鸥，并发现其卵和巢的标本，此次发现成为 20 世纪鸟类学研究史上重要成果之一。1989 年，辽宁省双台河口国家级自然保护区再次找到 2 个黑嘴鸥鸟巢和 4 枚卵。1993 年，首次在黄河三角洲国家级自然保护区内发现黑嘴鸥的踪迹。

1994 年起，黄河三角洲国家级自然保护区的科研人员对黄河三角洲地区开展持续监测。2001—2010 年，黑嘴鸥在西起新户乡大北港、南至广利河口的至少 8 个区域找到繁殖地；2010 年，黄河三角洲全部黑嘴鸥繁殖地已被破坏殆尽，原因为沿海滩涂被大面积开发，湿地围垦、湿地质量退化导致黑嘴鸥繁殖地日渐萎缩；2010—2013 年，黄河

三角洲国家级自然保护区实施黑嘴鸥繁殖区保护工程，通过建设围堤、隔坝，实施水位调控、水系连通、封闭管理等措施，提供安全繁殖空间，吸引黑嘴鸥返归繁殖；2013 年后，黑嘴鸥开始筑巢繁殖，繁殖种群逐年增加，目前黄河口繁殖种群稳定在 10 000 余只。

由于在保护黑嘴鸥方面做出的突出贡献，2016 年中国野生动物保护协会授予山东省东营市“中国黑嘴鸥之乡”称号。

黑嘴鸥卵及雏鸟

三、繁殖习性

在繁殖期，黑嘴鸥大体经过以下阶段：

◎ **成鸟迁来：**3 月中下旬自越冬地迁来，分布于潮间带滩涂。

◎ **交配：**3 月下旬至 4 月上中旬，雄鸟为争夺雌鸟交配权而竞争。

◎ **营巢：**4 月，为产卵做准备，营巢于潮间带有碱蓬、芦苇或柽柳的区域，一般在区域中的高地。巢简陋，以碱蓬、芦苇为巢材，呈圆形。巢区周围常有潮汐或近水处。

◎ **产卵：**4 月下旬至 5 月上旬，与营巢同步进行，产卵数量与当地食物量及亲鸟觅食能力紧密相关，一般产卵 3~5 枚，卵深绿色带有深色点斑。

◎ **孵化：**5 月中下旬，孵化周期为 24 天。

◎ **育雏：**5 月下旬至 6 月中旬，黑嘴鸥为半早成鸟，雏鸟需要成鸟饲喂 1 个月左右的时间才具有飞翔能力。

◎ **离巢：**6 月下旬至 7 月上旬，雏鸟具备飞翔及自己觅食能力。

四、迁徙路线

利用卫星跟踪器和彩色旗标，证实在黄河口繁殖的黑嘴鸥有两条迁徙路线：一条经中国东北、朝鲜半岛至日本九州越冬；另一条沿中国东部沿海经江苏省盐城市至华南越冬。

五、生态掠影

第三章 重点保护鸟类

1 国家一级保护鸟类（26种）

鹳形目 鹳科 鹳属

东方白鹳（dōng fāng bái guàn）

英文名：Oriental Stork

拉丁名：*Ciconia boyciana*

国家一级 | 世界濒危（EN） | CITES-I

体长约 110 cm。嘴黑色、粗大，脚红色。全身白，初级飞羽及次级飞羽黑。常见于浅水湿地环境，食物以鱼类为主，兼食蛙、鼠、蛇及软体动物。性宁静而机警，飞行或步行时举止缓慢，休息时常单足站立。寿命 48 年以上。

栖息环境： 常于沼泽、滩涂、池塘等浅水湿地觅食。筑巢于高大乔木、高压电线杆、人工巢等。

居留时间： 一年四季。2~7 月筑巢繁殖，每巢产卵 3~5 枚，白色，雌雄轮流孵卵，孵化期 30~35 天，育雏期 43~45 天。

种群数量： 全球种群 8000~12 000 只。黄河口繁殖种群稳定在 200 巢左右。

其他： 黄河口是中国最大的东方白鹳繁殖地；2010 年，东营市被中国野生动物保护协会授予“中国东方白鹳之乡”称号；2019 年，东方白鹳被确定为东营市市鸟。

鸻形目　鸥科　彩头鸥属

黑嘴鸥（hēi zuǐ ōu）

英文名：Saunders's Gull
拉丁名：*Chroicocephalus saundersi*

国家一级　世界易危（VU）

体长约 33 cm。夏羽头黑色、嘴黑色，眼周具白色月形斑，脚红色。飞翔时翼下初级飞羽外侧黑。以沙蚕、鱼类、虾类等水生动物为食。寿命 15~20 年。

栖息环境：常于近海滩涂、潮间带及附近觅食。筑巢于有碱蓬、芦苇或柽柳的潮间带。

居留时间：3~11 月。5~6 月繁殖，每巢产卵 1~3 枚，多数为 3 枚，最多 6 枚，孵化期 24 天，育雏期 30 天。

种群数量：全球种群 14 400 只。黄河口繁殖种群超过 10 000 只，是全球三大繁殖地之一。

其他：2016 年，东营市被中国野生动物保护协会授予“中国黑嘴鸥之乡”称号。

鹤形目 鹤科 鹤属

丹顶鹤（dān dǐng hè）

英文名：Red-crowned Crane

拉丁名：*Grus japonensis*

国家一级 | 世界易危（VU） | CITES-I

体长约 150 cm。喙长、颈长、脚长，头顶红色，全身白色，喉和颈黑色，次级飞羽黑色。以浅水的鱼、虾、软体动物及水生植物为食，食物随季节不同而有所变化。寿命 50~60 年。

栖息环境：常于开阔农田、沼泽、近海滩涂等处觅食。

居留时间：10 月下旬至次年 3 月下旬。2017 年后在黄河口繁殖。

种群数量：全球种群 2800~3430 只。2023 年 2 月，黄河口越冬种群 389 只。2024 年，繁殖 14 巢。

其他：黄河口是中国丹顶鹤第二大越冬地和重要繁殖地。

鹤形目 鹤科 鹤属

白鹤（bái hè）

英文名：Siberian Crane
拉丁名：*Leucogeranus leucogeranus*

国家一级 | 世界极危（CR） | CITES-I

体长约 135 cm。嘴橘黄，脸上裸皮猩红，腿粉红，飞行时黑色的初级飞羽明显。以水生植物根、茎、嫩芽为食，兼食鱼、虾、昆虫等动物。边走边采食，并不时抬头观望四周，稍有动静立刻起飞，飞行时成“一”或“人”字队形。寿命 50~60 年。

栖息环境：常见于芦苇沼泽、近海滩涂、农田。

居留时间：10 中旬至次年 3 月下旬。2016 年以后在黄河口越冬。

种群数量：全球种群 5000 余只。黄河口迁徙季节超 1000 只，越冬种群近 300 只。

其他：黄河口是全球白鹤第二大越冬地。

鹤形目 鹤科 鹤属

白头鹤（bái tóu hè）

英文名：Hooded Crane
拉丁名：*Grus monacha*

国家一级 | 世界易危（VU） | CITES-I

体长约 100 cm。通体大多呈石板灰色，头、颈白，前额黑色。以甲壳类、小鱼、软体动物、昆虫等为食，也吃植物嫩叶、块根、种子。寿命 50~60 年。

栖息环境：常见于芦苇沼泽、近海滩涂及农田、草地。
居留时间：春、秋迁徙季节每年皆可见，近几年有越冬种群。
种群数量：全球种群 14 500~16 000 只。黄河口 50~80 只。

鹤形目 鹤科 鹤属

白枕鹤（bái zhěn hè）

英文名：White-naped Crane

拉丁名：*Antigone vipio*

国家一级 | 世界濒危（VU） | CITES-I

体长约 150 cm。脸侧裸皮红色，颈背白色，颈前至腹部灰黑色。行动机警，在很远处见人就飞，起飞时先在地面快跑几步，然后腾空而起。以植物根茎、草籽、昆虫、鱼类及软体动物为食。寿命 50~60 年。

栖息环境：常见于开阔的芦苇沼泽、水草沼泽、河流两岸及与湿地邻近的农田、草地。

居留时间：春、秋迁徙季节每年皆可见，近几年有越冬种群。

种群数量：全球种群 7000~7800 只。黄河口 30~90 只。

鹈形目 鹈鹕科 鹈鹕属

卷羽鹈鹕（juǎn yǔ tí hú）

英文名：Dalmatian Pelican
拉丁名：*Pelecanus crispus*

国家一级 | 世界近危（NT） | CITES-I

体长约 180 cm，体重约 13 kg。体羽灰白，眼浅黄，喉囊橘黄色或黄色，颈背具卷曲的冠羽。觅食时张嘴，以囊袋捞入大量水，滤去水后吞食其中的鱼。多群居，善游泳和陆地行走，但不会潜水，飞行时颈部回收，呈“S”形，双翅缓慢振动，常在水面做长距离滑行。以鱼为主食，也吃甲壳类、软体和两栖动物等。寿命 30~35 年。

栖息环境：常见于大型水库、芦苇沼泽以及沿海地带。

居留时间：2006 年首次记录后，每年春、秋迁徙季节皆可见。

种群数量：东亚种群不足 200 只。黄河口迁徙种群 30~50 只，最高记录 84 只。

其他：黄河口是卷羽鹈鹕东亚种群最大迁徙停歇地。

鹈形目 鹈鹕科 鹈鹕属

白鹈鹕（bái tí hú）

英文名：Great White Pelican

拉丁名：*Pelecanus onocrotalus*

国家一级 世界无危（LC）

体长 160 cm，体羽粉白，仅初级飞羽及次级飞羽褐黑。头后具短羽冠，胸部具黄色羽簇。亚成鸟褐色。脸部具淡黄色裸露皮肤，黄色喉囊显著，有别于其他鹈鹕。

栖息环境： 芦苇沼泽、近海滩涂。与卷羽鹈鹕混群，栖于大水面的芦苇沼泽，捕食鱼类。

居留时间： 2020 年 11 月首次记录 2 只，2023 年 8 月记录 3 只。

种群数量： 分布于欧洲、非洲、中亚。黄河口不规律出现，原因未知。

鸨形目 鸨科 鸨属

大鸨（dà bǎo）

英文名：Great Bustard

拉丁名：*Otis tarda*

国家一级 | 世界濒危（EN） | CITES-II

雄鸟体长约 100 cm，雌鸟体长约 80 cm。嘴短，上体具棕色及黑色横斑，下体及尾下白色。飞行翼下偏白，具黑色次级飞羽羽缘。性机警，难靠近，善奔走，不鸣叫，受惊扰后立即起飞，飞行高度不超过 200 m。以植物种子、根茎、嫩芽为食，兼食昆虫等。寿命 30~35 年。

栖息环境： 分布于黄河两岸农田、草地。

居留时间： 10 月下旬至次年 3 月下旬在此越冬。

种群数量： 东亚种群不足 2000 只。黄河口越冬种群近 50 只。

鸻形目　鸥科　渔鸥属

遗鸥（yí ōu）

英文名：Relict Gull
拉丁名：*Ichthyaetus relictus*

国家一级　世界易危（VU）　CITES-I

体长约 40 cm。夏羽头部深棕褐色，眼上、下方具有显著的白斑，嘴和脚红色。杂食性，以水生昆虫、水生无脊椎动物为主食。寿命 25~30 年。

栖息环境： 常见于低潮线近海滩涂。有时到附近鱼池、盐池觅食。
居留时间： 11 月中旬至次年 4 月上旬在此越冬。
种群数量： 全球种群 12 000 只。黄河口 4000~6000 只。

雁形目 鸭科 潜鸭属

青头潜鸭（qīng tóu qián yā）

英文名：Baer's Pochard

拉丁名：*Aythya baeri*

国家一级 世界极危（CR）

体长约 45 cm。雄鸟眼白，头、颈青绿，下体胸及胁暗栗，腹白延至胁侧，尾下覆羽白；雌鸟眼褐，嘴角有淡色圆斑。潜水觅食水草，兼食软体动物、蛙等。

栖息环境：栖于芦苇沼泽及有水生植被的池塘、河流、沼泽。

居留时间：3~5 月，10~11 月，偶有越冬记录。

种群数量：全球 500~600 只，山东省济宁市的微山湖是其重要繁殖地，黄河口多有小种群分散记录。

雁形目 鸭科 秋沙鸭属

中华秋沙鸭（zhōng huá qiū shā yā）

英文名：Scaly-sided Merganser

拉丁名：*Mergus squamatus*

国家一级 世界濒危（EN）

体长约 58 cm。雄鸟头及体背绿黑，枕后具长冠羽。胁及腹下具黑色鳞状纹。雌鸟体色较灰。潜水捕食鱼类。

栖息环境：成对或小群栖于水库、河流及芦苇沼泽，尤喜水质清澈的水域。

居留时间：4 月、10~11 月，不定期出现。

种群数量：全球约 5000 只，黄河口偶有零星记录。

鹳形目 鹳科 鹳属

黑鹳（hēi guàn）

英文名：Black Stork
拉丁名：*Ciconia nigra*

国家一级 世界无危（LC） CITES-II

体长约 100 cm。嘴红，眼周裸露皮肤红色。全身黑，仅下胸、腹部及尾下白色。飞行时翼下黑色，仅三级飞羽及次级飞羽内侧白色。脚红。寿命约 48 年。

栖息环境：栖于芦苇沼泽、近海滩涂、池塘等浅水湿地。
居留时间：3~4 月、7~11 月，不定期出现，常呈家族式分布。
种群数量：全球分布较广，中国 100 余只，黄河口 4~15 只。

鹈形目　鹮科　琵鹭属

黑脸琵鹭（hēi liǎn pí lù）

英文名：Black-faced Spoonbill

拉丁名：*Platalea minor*

国家一级　世界濒危（EN）

体长约 76 cm。嘴形如琵琶，铅灰色。眼先、额、嘴基黑，形成黑色三角区，且眼睛在黑色范围内。飞翔时，全身白，仅翅缘沾黑。

栖息环境：栖于近海滩涂、芦苇沼泽等浅水湿地，常与白琵鹭混群。

居留时间：3~5 月、10~11 月，不定期出现。

种群数量：全球约 2250 只。黄河口偶有零星记录，2024 年，首次记录到野外繁殖。

鹈形目 鹭科 白鹭属

黄嘴白鹭（huáng zuǐ bái lù）

英文名：Chinese Egret

拉丁名：*Egretta eulophotes*

国家一级 世界易危（VU）

体长 68 cm。全身白。夏羽黄色，嘴尖而长，脸部裸露皮肤蓝色，头部具蓑状羽，腿黑爪黄；冬羽腿偏绿色，嘴黑而下颚基部黄色。繁殖于沿海岛屿，觅食于海岸、海湾、河口及沿海附近的湿地，以鱼类、软体动物为食。

栖息环境： 觅食于近海滩涂、芦苇沼泽等浅水湿地，常于树上休息。

居留时间： 9~10 月不定期有零星记录，其他季节仍需调查。

种群数量： 黄河口偶有零星记录。

鸻形目 鹬科 滨鹬属

勺嘴鹬（sháo zuǐ yù）

英文名：Spoon-billed Sandpiper
拉丁名：*Calidris pygmaea*

国家一级 世界极危（CR）

体长 15 cm，腿短，上体具纵纹，白色眉纹显著。具特征性的勺形嘴。取食时嘴几乎垂直向下，以昆虫及小型无脊椎动物为食，取食时用嘴在水下或烂泥里左右来回扫动觅食。

栖息环境： 繁殖期于北极海岸冻原地带，沿滨海滩涂迁徙。黄河口记录于低潮线近海滩涂。

居留时间： 2021 年 8 月首次记录。

种群数量： 全球 500~600 只，黄河口偶有零星记录。

鸻形目 鹬科 鹬属

小青脚鹬（xiǎo qīng jiǎo yù）

英文名：Spotted Greenshank
拉丁名：*Tringa guttifer*

国家一级 | 世界濒危（EN） | CITES-I

体长 30 cm。嘴粗厚上翘，嘴尖黑、嘴基黄。脚短，黄绿色，飞翔时脚不伸出尾外。夏羽颈、胸具粗纵纹，冬羽前颈纵纹消失，仅后颈具纵纹。

栖息环境： 喜沿海泥滩，尤其是河边两侧的滩涂。

居留时间： 4~5 月春季迁徙季节，与青脚鹬或其他涉禽混群，数量少而难以发现。

种群数量： 东亚种群 500 余只，黄河口有零星记录。

鹰形目 鹰科 秃鹫属

秃鹫（tū jiù）

英文名：Cinereous Vulture
拉丁名：*Aegypius monachus*

国家一级 | 世界近危（NT） | CITES-II

大型食腐性猛禽。体长约 100 cm。全身乌褐，嘴粗，飞翔时常缩脖。在开阔的区域上空翱翔，常达几个小时。以动物尸体为食，也会主动攻击兽类、两栖类、爬行类和鸟类。寿命 50~60 年。

栖息环境：常见于空旷的近海滩涂、草地、农田、沿海大堤，常长时间待在原地休息。

居留时间：1~3 月、5 月、10~11 月。

鹰形目 鹰科 海雕属

白尾海雕（bái wěi hǎi diāo）

英文名：White-tailed Sea Eagle
拉丁名：*Haliaeetus albicilla*

国家一级 世界无危（LC） CITES-I

大型猛禽。体长约 80 cm。全身褐，楔形尾白。成鸟后颈和胸部的羽毛为披针形。亚成体胸深褐色，背具白斑。高空翱翔时两翼弯曲略向上扬。主要以鱼为食，也吃鸟类、鼠类、野兔等。寿命 50~60 年。

栖息环境：常见于开阔的湿地，休息于路边电线杆或开阔地的高处。
居留时间：1~4 月、10~12 月。
种群数量：东亚种群 500 余只，黄河口有零星记录。

鹰形目 鹰科 海雕属

玉带海雕（yù dài hǎi diāo）

英文名：Pallas's Fish Eagle
拉丁名：*Haliaeetus leucoryphus*

国家一级 全球濒危（EN） CITES-II

大型猛禽。体长约 90 cm。成鸟嘴青灰，全身深褐，头、颈及胸淡白。飞翔时，尾白而尾端黑，翼下覆羽黑，与灰色翅对比明显。亚成鸟耳羽色深，呈斑块，体羽具淡色羽缘。主要以鱼为食，也吃鸟类、鼠类、野兔等。寿命 50~60 年。

栖息环境：分布于沼泽附近的树上或电线杆上，会急速冲下捕食近水面的鱼类或猎捕野鸭。

居留时间：2 月、5 月偶见个体。

鹰形目 鹰科 雕属

金雕（jīn diāo）

英文名：Golden Eagle
拉丁名：*Aquila chrysaetos*

国家一级 世界无危（LC） CITES-II

大型猛禽。体长约 85 cm。全身黑褐，后颈具金黄斑。善于翱翔和滑翔，常在高空中呈直线或圆圈状盘旋，两翅上举成“V”状，俯视地面寻找猎物。以鸟类、野兔、鼠类等动物为食。寿命 50~60 年。

栖息环境：常见于开阔湿地、村庄附近、农田，有时停歇于城市中的高楼。

居留时间：2~5 月、10~12 月，不定期经常性出现。

鹰形目 鹰科 乌雕属

乌雕（wū diāo）

英文名：Greater Spotted Eagle

拉丁名：*Clanga clanga*

国家一级 世界易危（VU） CITES-II

体长约 70 cm。成鸟全体深褐色，尾黑无横斑。飞翔时尾上覆羽具白色的“U”形斑。亚成鸟上体具白色点斑，翅具白色横带。食物主要为青蛙、蛇类、鱼类及鸟类。

栖息环境：栖于开阔处的沼泽、草地、农田，喜水域附近的开阔地。

居留时间：2~5 月、10~12 月，不定期出现。

鹰形目　鹰科　雕属

草原雕（cǎo yuán diāo）

英文名：Steppe Eagle
拉丁名：*Aquila nipalensis*

国家一级　世界濒危（EN）　CITES-II

体长约 65 cm。成鸟体羽深褐，头、颈处色淡，肩羽及翼覆羽具棕白羽轴及羽端。翼具两道浅翼带。飞翔时翼下具白色翼带。亚成鸟体羽黄褐，翼覆羽淡黄，具皮黄羽轴，飞翔时翼及下体均棕黄、无纵纹。除捕食小型兽类、鸟类和爬行类外，还兼吃尸体。

栖息环境：喜开阔草地、田野，觅食时于空中翱翔，饱食后于栖处长时间休息。

居留时间：5 月、10~11 月偶有个体记录。

鹰形目 鹰科 雕属

白肩雕（bái jiān diāo）

英文名：Imperial Eagle
拉丁名：*Aquila heliaca*

国家一级 | 世界易危（VU） | CITES-I

体长约 75 cm。全体黑褐，额及喉黑，头顶及颈背具皮黄色针状纵纹，肩部具白斑。飞行时，身体及翼下覆羽全黑，翼灰并具浅色翼带，初级飞羽具白斑块。亚成鸟全体黄褐。以啮齿类、鸟类为食，有时也食动物尸体。寿命约 50 年。

栖息环境：栖于开阔原野。飞行缓慢，饱食后在栖处待数小时，显得沉重懒散。

居留时间：8 月、12 月偶有个体记录。

隼形目 隼科 隼属

猎隼（liè sǔn）

英文名：Saker Falcon

拉丁名：*Falco cherrug*

国家一级 | 世界濒危（EN） | CITES-II

体长约 50 cm。体大而具多种色型。与游隼区别之处是眼下斑细长，具细眉纹。下体胸显白，多纵纹；腹无横纹。以中小型鸟类、小型兽类、鼠、兔等为食。

栖息环境： 栖于河流、沼泽及树林等多种环境，喜开阔地带。

居留时间： 2 月、5 月、9 月不定期出现，数量稀少且分布广泛。

雀形目 鹀科 鹀属

黄胸鹀（huáng xiōng wú）

英文名：Yellow-breasted Bunting

拉丁名：*Emberiza aureola*

国家一级 世界极危（CR）

体长约 15 cm。色彩鲜亮，具特征性白色肩斑。性胆怯，见人即飞走。白天在草丛、灌木活动、觅食，晚上隐藏于草丛中。繁殖期吃昆虫，其他时间以植物果实与种子为食。因被大量捕食而数量锐减。寿命 7~8 年。

栖息环境：常见于稻田、芦苇地、高草丛、灌木丛。

居留时间：4~5 月、9~10 月。

2 国家二级保护鸟类（70种）

雁形目 鸭科 天鹅属

疣鼻天鹅（yóu bí tiān é）

英文名：Mute Swan

拉丁名：*Cygnus olor*

国家二级 世界无危（LC）

体长约150 cm，体重约10 kg。脖颈细长，雄性前额有一块瘤疣状突起，全身羽毛洁白，在水中游泳时颈部弯曲而略似“S”形。在地上行走笨拙，但极善游泳。性机警，视力强；很少发出叫声，故又名“无声天鹅”。以水生植物为食，偶吃软体动物、昆虫及小鱼。寿命30~35年。

栖息环境：常见于水库及大水面的芦苇沼泽。

居留时间：10下旬至次年3月下旬。

种群数量：东亚种群3000只。黄河口越冬种群200~700只。

雁形目 鸭科 天鹅属

大天鹅（dà tiān é）

英文名：Whooper Swan
拉丁名：*Cygnus Cygnus*

国家二级 世界无危（LC）

体长约 155 cm，体重约 10 kg。全身白，嘴黑色，嘴基有大片黄色，黄色延至上喙侧缘。性机警，善游泳，视力好。迁徙时以小家族为单位，通常边飞边鸣，鸣声响亮而单调。以水生植物为食，也吃少量软体、无脊椎动物。寿命 30~35 年。

栖息环境：常见于水库、河流及芦苇沼泽。觅食于开阔、食物丰富的浅水水域。

居留时间：10 下旬至次年 3 月下旬。

种群数量：东亚种群 60 000 只。黄河口迁徙种群 5000~7000 只，越冬种群 500~1000 只。

雁形目 鸭科 天鹅属

小天鹅（xiǎo tiān é）

英文名：Tundra Swan

拉丁名：*Cygnus columbianus*

国家二级 世界无危（LC）

体长约 120 cm，体重约 8 kg。与大天鹅体形相似，区别在黄色仅限于嘴基的两侧，沿嘴缘不延伸到鼻孔以下。行动极为小心，游泳和栖息距离岸边较远；性活泼；鸣声清脆而嘈杂。以水生植物为食，兼食小型水生动物。寿命 30~35 年。

栖息环境： 常见于水库及大水面芦苇沼泽，经常与大天鹅混群。

居留时间： 10 下旬至次年 3 月下旬。

种群数量： 全球种群 336 200 只。黄河口越冬种群 150~320 只。

雁形目　鸭科　雁属

鸿雁（hóng yàn）

英文名：Swan Goose
拉丁名：*Anser cygnoides*

国家二级　世界濒危（EN）

体长约 88 cm。前颈与后颈有一道明显界线。以草本植物、水生植物为食，兼食少量甲壳类和软体动物。多集群活动。寿命 15~20 年。

栖息环境：常见于水塘、河流、芦苇沼泽。
居留时间：10 月下旬至次年 4 月上旬。
种群数量：全球种群 78 000 只。黄河口 150~450 只。

雁形目 鸭科 雁属

白额雁（bái é yàn）

英文名：Greater White-fronted Goose
拉丁名：*Anser albifrons*

国家二级 世界无危（LC）

体长约 80 cm。嘴粉红，嘴基及额具白色环线，腹具不规则黑斑块，脚橘黄。亚成鸟似成鸟，但嘴基及额的白色环线不明显，腹部黑斑不明显。以植物性食物为食。

栖息环境：常见于农田、草地。
居留时间：10 下旬至次年 4 月上旬，经常与灰雁、豆雁混群。
种群数量：东亚种群 18 000 只，黄河口 50~200 只。

雁形目 鸭科 雁属

小白额雁（xiǎo bái é yàn）

英文名：Lesser White-fronted Goose

拉丁名：*Anser erythropus*

国家二级 世界易危（VU）

体长约 62 cm。嘴短粉红，眼圈黄，嘴基具白色环线，额白并后延，脚橘黄。亚成鸟嘴基及额的白色环线不明显。以植物为食。

栖息环境： 常见于芦苇沼泽、近海滩涂及农田、草地。

居留时间： 10 下旬至次年 4 月上旬。

种群数量： 东亚种群 70 000 只。数量较少，有时与豆雁混群。

雁形目 鸭科 鸳鸯属

鸳鸯（yuān yāng）

英文名：Mandarin Duck
拉丁名：*Aix galericulata*

国家二级 世界无危（LC）

体长 40 cm。雄鸟嘴红，羽色艳丽，头具长羽冠，眼周白，眼后具白色宽眉纹，翅具栗黄色扇状直立羽。雌鸟嘴灰，嘴基白，眼周白与白眉相连，胸、肋具点状纵纹。鸳指雄鸟，鸯指雌鸟。杂食性，以植物为主，兼食小型动物。

栖息环境：与其他鸭类混群，栖于芦苇沼泽或近海鱼塘、养殖池、滩涂。

居留时间：春季 3~4 月、秋季 9~11 月，近几年有越冬种群，但多无规律出现。

种群数量：东亚种群 20 000 只，黄河口偶见小种群。

雁形目 鸭科 *Sibirionetta* 属

花脸鸭（huā liǎn yā）

英文名：Baikal Teal

拉丁名：*Sibirionetta formosa*

国家二级 世界无危（LC） CITES-II

体长 40 cm。雄鸟嘴灰黑，脸具绿、黄组成的花斑。雌鸟嘴基具白点，脸侧有白色月牙形斑块。杂食性，以植物为主，兼食小型动物。

栖息环境：水库、河口、芦苇沼泽、近海滩涂。

居留时间：9 月至次年 2 月，有越冬种群，但多无规律出现。数量多时数以万计，形成鸟浪。

种群数量：全球种群 710 000 只。黄河口种群近几年数量暴增，有的年度超过 4 万只。

雁形目　鸭科　斑头秋沙鸭属

斑头秋沙鸭（bān tóu qiū shā yā）

英文名：Smew

拉丁名：*Mergellus albellus*

国家二级　世界无危（LC）

体长 40 cm。雄鸟除眼周、枕、背黑外，其余体色白，脸部形似“熊猫眼”。雌鸟头顶栗红，眼周黑，喉及脸侧白。捕捉鱼类及小型水生动物。又名白秋沙鸭。

栖息环境：集小群栖于池塘、河流、水库及芦苇沼泽。

居留时间：10 月下旬至次年 3 月，当地极为常见且分布广泛。

种群数量：全球种群 25 000 只，黄河口 1200~1500 只。

䴙䴘目 䴙䴘科 䴙䴘属

黑颈䴙䴘（hēi jǐng pì tī）

英文名：Black-necked Grebe

拉丁名：*Podiceps nigricollis*

国家二级 世界无危（LC）

体长 30 cm。夏羽头、颈及上体黑褐，嘴黑而上翘，由眼部形成放射状黄色耳簇，冬羽颏部白色延伸至眼后，呈月牙形。主食鱼类、水生动物，偶食水生植物。

栖息环境：有芦苇的大水面、水库。

居留时间：10 月下旬至次年 3 月，常见，但数量不多且分散。

种群数量：全球种群 100 000 只，黄河口种群 10~100 只。

䴙䴘目 䴙䴘科 䴙䴘属

角䴙䴘（jiǎo pì tī）

英文名：Horned Grebe
拉丁名：*Podiceps auritus*

国家二级 世界易危（VU）

体长 30 cm。夏羽嘴黑、直短而尖色淡，眼红色，头黑，眼后具金黄色饰羽。冬羽头顶、后颈及背黑褐，喉、前颈、胸、腹白，脸颊白色较大。主食鱼类、水生动物，偶食水生植物。

栖息环境：有芦苇的大水面、水库。
居留时间：10 月下旬至次年 3 月常见。
种群数量：全球种群 25 000 只，黄河口种群 50~80 只。

䴙䴘目 䴙䴘科 䴙䴘属

赤颈䴙䴘（chì jǐng pì tī）

英文名：Red-necked Grebe

拉丁名：*Podiceps grisegena*

国家二级 世界无危（LC）

体长 45 cm。夏羽嘴粗长，尖黑、基黄，喉、颊白染灰，前颈栗红。冬羽脸颊及前颈淡灰，喉及后颈白，形成白色月牙形颈环。主食鱼类、水生动物，偶食植物。

栖息环境： 栖于芦苇沼泽、大水面、水库。

居留时间： 迁徙经过本地，短暂停歇，偶有记录。

种群数量： 全球种群 50 000 只，黄河口偶有零星记录。

鹃形目 杜鹃科 鸦鹃属

小鸦鹃（xiǎo yā juān）

英文名：Lesser Coucal

拉丁名：*Centropus bengalensis*

国家二级 世界无危（LC）

体长45 cm。头及下体黑色，上背及两翼栗色，尾长。亚成鸟具褐色条纹。中间色型的体羽常见。有时做短距离飞行，由植被上掠过。

栖息环境：停歇于灌木丛、刺槐林。

居留时间：4~5 月迁徙经过本地。

分布地点：分布于长江以南。近几年黄河口新发现鸟类。

鹤形目　秧鸡科　花田鸡属

花田鸡（huā tián jī）

英文名：Swinhoe's Rail

拉丁名：*Coturnicops exquisitus*

国家二级　世界易危（VU）

体长 13 cm。嘴短暗黄色，上体褐色，具黑色纵纹及白色细小横斑，下体颏、喉白，胸黄褐色，腹白。尾短而上翘。飞行时，白色次级飞羽与黑色初级飞羽明显。以水生昆虫、甲壳类动物和水藻等为食。白天藏匿，黎明和傍晚活动，性甚机警。

栖息环境：喜有水草的沼泽、池塘或稻田。

居留时间：4~5 月迁徙经过本地，但极少见到，曾在网捕获中有发现，多次闻其鸣。

种群数量：全球 10 000 只。行踪隐蔽不易观察。

鹤形目 秧鸡科 小田鸡属

斑胁田鸡（bān xié tián jī）

英文名：Band-bellied Crake

拉丁名：*Porzana paykullii*

国家二级 | 世界近危（NT）

体长 22 cm。嘴短，上体头、胸深棕红；腹白、具黑色横纹；脚红色。夜行性，主要在晚上和晨昏活动，白天多匿藏。善行走，能快速奔跑，一般很少飞翔或仅短距离飞翔。以昆虫、小型无脊椎动物和植物果实与种子为食。

栖息环境：常见于疏林沼泽、林缘灌丛，迁徙季节也见于沿海和农田地带的灌丛与草丛。

居留时间：迁徙经过本地，但因其习性罕见。

种群数量：全球数量不详。黄河口偶见。

鹤形目 鹤科 鹤属

沙丘鹤（shā qiū hè）

英文名：Sandhill Crane
拉丁名：*Antigone canadensis*

国家二级 | 世界无危（LC） | CITES-II

体长约 120 cm。体形小，嘴、脚灰黑，前额及头顶红，喉白，其余体色灰。以植物的叶、芽、草籽和谷粒等为食，也吃部分昆虫。

栖息环境： 栖息于芦苇沼泽、农田、草地。

居留时间： 10 月中下旬至次年 3 月中旬。

种群数量： 东亚种群未知，黄河口越冬种群 3~5 只，常与其他鹤群混群。

鹤形目 鹤科 鹤属

蓑羽鹤（suō yǔ hè）

英文名：Demoiselle Crane

拉丁名：*Grus virgo*

国家二级 | 世界无危（LC） | CITES-II

体长约 105 cm。前颈黑，具蓑羽；耳羽簇为白色丝状，其余体色灰蓝。飞翔时，黑色飞羽与灰色体羽对比明显。以水生植物和昆虫为食，也兼食鱼、蝌蚪、虾等。

栖息环境： 栖于芦苇沼泽及农田、草地，常与其他鹤群混群。

居留时间： 仅在少数年度有记录。

种群数量： 东亚种群 84 000 只，黄河口有养殖种群，野外种群曾偶见。

鹤形目 鹤科 鹤属

灰鹤（huī hè）

英文名：Common Crane
拉丁名：*Grus grus*

国家二级 | 世界无危（LC） | CITES-II

体长约 110 cm。全身灰色，头顶裸出皮肤鲜红色，眼后至颈侧有一灰白色纵带。食性杂，以植物根茎、草籽、昆虫、蛙、蜥蜴、鱼类等为食。寿命 50~60 年。

栖息环境：常见于芦苇沼泽、近海滩涂及农田、草地。
居留时间：10 上旬至次年 3 月中旬。
种群数量：东亚种群 70 000 只。黄河口越冬种群 4000~5000 只。

鹈形目 鹮科 琵鹭属

白琵鹭（bái pí lù）

英文名：Eurasian Spoonbill

拉丁名：*Platalea leucorodia*

国家二级 世界无危（LC） CITES-II

体长约 84 cm。具特征性琵琶形嘴。觅食时在水中缓慢前进，嘴往两旁甩动以寻找食物。主要以鱼、虾、蟹等小型动物为食，偶食植物。寿命 15~20 年。

栖息环境：常见于芦苇沼泽、水塘、泥滩、滩涂等淡水、咸水的浅水水域。

居留时间：一年中常见。

种群数量：东亚种群 10 000 只。黄河口超 1000 只。

鲣鸟目 鸬鹚科 *Urile* 属

海鸬鹚（hǎi lú cí）

英文名：Pelagic Cormorant

拉丁名：*Phalacrocorax pelagicus*

国家二级 世界无危（LC）

体长 70 cm。全身黑紫，带绿光泽。夏羽眼周及喉暗红，前额及后枕具短冠羽，头、颈具白色丝状羽，肋具白斑。冬羽头上无冠羽，肋部白斑消失。以鱼、虾为食。

栖息环境： 繁殖于山东沿海岛屿，冬季沿海迁飞至华东，主要栖息于海岸、河口地带。

居留时间： 迁徙路线经过处，与普通鸬鹚混群，栖于近海滩涂及浅水沼泽。

种群数量： 全球种群 25 000 只，黄河口偶有记录。

鸻形目 鹬科 杓鹬属

小杓鹬（xiǎo sháo yù）

英文名：Little Curlew

拉丁名：*Numenius minutus*

国家二级 世界无危（LC）

体长约 30 cm。体形纤小，嘴中等长度而略向下弯。分布于农田、草地，啄食昆虫、甲壳类和软体动物，有时也吃藻类和植物种子。寿命 10~15 年。

栖息环境： 常见于草地、农田。

居留时间： 4 月中旬至 5 月上旬、8~10 月。

种群数量： 全球种群数量 180 000 只。黄河口超 10 000 只，是其重要的迁徙中转站。

鸻形目 鹬科 杓鹬属

白腰杓鹬（bái yāo sháo yù）

英文名：Eurasian Curlew
拉丁名：*Numenius arquata*

国家二级 世界近危（NT）

体长约 55 cm。嘴甚长而下弯，腰及尾较白。性机警，步履缓慢稳重，常边走边将嘴插入泥中探觅食物。以甲壳类、软体动物、沙蚕类为食，也啄食小鱼和蛙。

栖息环境：常见于潮间带滩涂、河口、沿海养殖池。

居留时间：3~11 月。

种群数量：东亚种群 100 000 只。黄河口超 3000 只。

鸻形目 鹬科 杓鹬属

大杓鹬（dà sháo yù）

英文名：Far Eastern Curlew
拉丁名：*Numenius madagascariensis*

国家二级 世界濒危（EN）

体长约 63 cm。形态习性同白腰杓鹬，区别在腰及尾较红褐，又名红腰杓鹬。

栖息环境：常见于潮间带滩涂、河口、沿海养殖池。
居留时间：3~11 月。
种群数量：全球种群数量 32 000 只。黄河口超 300 只。

鸻形目 鹬科 翻石鹬属

翻石鹬（fān shí yù）

英文名：Ruddy Turnstone

拉丁名：*Arenaria interpres*

国家二级 世界无危（LC）

体长 25 cm。嘴黑色，较短；前胸具特征性黑斑。单独或结小群活动。觅食时通过嘴翻转海草和小卵石，啄食隐藏在下面的甲壳类等小型动物。寿命 10~15 年。

栖息环境：常见于有沙粒特别是有碎石的滩涂、盐地。

居留时间：4~5 月上旬，8~11 月。

种群数量：东亚种群 100 000 只。黄河口超 100 只。

鸻形目　鹬科　滨鹬属

大滨鹬（dà bīn yù）

英文名：Great Knot

拉丁名：*Calidris tenuirostris*

国家二级　世界濒危（EN）

体长约 27 cm。嘴黑且厚，下体胸密布黑色大斑。觅食时常将嘴插入泥中探觅食物，边走边觅食，以甲壳类、软体动物和昆虫为食。寿命 10~15 年。

栖息环境：常见于潮间滩涂、河滩。

居留时间：4~5 月上旬、9~11 月。

种群数量：全球种群数量 29 5000 只。黄河口超 2000 只。

鸻形目 鹬科 滨鹬属

阔嘴鹬（kuò zuǐ yù）

英文名：Broad-billed Sandpiper

拉丁名：*Calidris falcinellus*

国家二级 世界无危（LC）

体长约 17 cm。嘴黑、略下弯，白眉与侧冠纹相连。翻找食物时嘴垂直向下，边慢走边啄食，常持久地将嘴垂直插入泥中探觅食物，遇警时蹲伏，有人逼近时急飞。以甲壳类、软体动物、昆虫等动物为食，偶食植物。寿命 10~15 年。

栖息环境： 常见于沿海泥滩、沙滩及沼泽地区。

居留时间： 4~5 月上旬，8~11 月。

种群数量： 全球种群数量 25 000 只。黄河口多数年份集小群，有的年度超 3000 只。

鸮形目 草鸮科 草鸮属

草鸮（cǎo xiāo）

英文名：Eastern Grass Owl
拉丁名：*Tyto longimembris*

国家二级　世界无危（LC）　CITES-II

体长约 35 cm。具形长的心形面庞，俗称猴面鸮。白天休息、夜间活动。性格凶残，见鼠便抓，兼食蛙、蛇等，食物丰富。巢于高草丛中，可多次产卵，每次产 2~4 枚卵。

栖息环境： 常见于森林、草地、农田等多种环境。繁殖于高草丛中。

居留时间： 2~10 月。

鸮形目 鸱鸮科 鹰鸮属

日本鹰鸮（rì běn yīng xiāo）

英文名：Northern Boobook

拉丁名：*Ninox japonica*

国家二级 | 世界无危（LC） | CITES-II

体长约 30 cm。外形似鹰，无面盘。头形圆，黑灰色；眼大，黄色；额具白斑。上体深褐，肩有白斑。下体白，具红褐粗纵纹。

栖息环境：性活跃，栖于近水林缘、农田及灌丛，黄昏前活动于林缘地带，飞行追捕空中昆虫。

居留时间：3~8 月，当地繁殖。

备注：又名北鹰鸮，由鹰鸮亚种提升为种。区别为日本鹰鸮色淡，呈烟褐色，下体纵纹粗密。

鸮形目 鸱鸮科 小鸮属

纵纹腹小鸮（zòng wén fù xiǎo xiāo）

英文名：Little Owl
拉丁名：*Athene noctua*

国家二级 | 世界无危（LC） | CITES-II

小型夜行猛禽。体长 23 cm。下体密布纵纹，上体具点状白斑。常神经质地点头或转头。以昆虫、鼠类、小鸟等为食。5~7 月营巢，产卵 2~8 枚。寿命 10~15 年。

栖息环境： 常见于平原、草原、农田、路边电线杆等多处。
居留时间： 2~11 月，当地繁殖。

鸮形目 鸱鸮科 角鸮属

北领角鸮（běi lǐng jiǎo xiāo）

英文名：Japancsc Scops Owl
拉丁名：*Otus semitorques*

国家二级 | 世界无危（LC） | CITES-II

体长 24 cm。耳羽簇长，面盘宽大外缘黑，具特征性的灰色或乳白色颈圈。下体皮褐色具极细横纹，点缀黑色纵纹。以昆虫、鼠类等为食。又名日本角鸮。

栖息环境：栖于密枝树冠，于黄昏或夜间活动，从栖处跃至地面捕捉猎物。

居留时间：2~5 月，9~11 月，迁徙时偶见。

鸮形目 鸱鸮科 角鸮属

红角鸮（hóng jiǎo xiāo）

英文名：Oriental Scops Owl

拉丁名：*Otus sunia*

国家二级　世界无危（LC）　CITES-II

体长 19 cm。有灰色型及棕色型。耳羽明显，头顶平，显头方正。上体羽色如松树皮，具细纵纹，肩部具白斑。下体灰褐具细黑色纵纹。以鼠类等小型动物为食。现由东方亚种提升为种，又名东方角鸮。

栖息环境： 栖于林缘、林中空地及次生植丛的小矮树。

居留时间： 2~11 月，当地繁殖。

鸮形目 鸱鸮科 长耳鸮属

长耳鸮（cháng ěr xiāo）

英文名：Long-eared Owl

拉丁名：*Asio otus*

国家二级 | 世界无危（LC） | CITES-II

体长约 36 cm。具皮黄色长耳羽，脸盘橙黄。白天隐伏，夜晚活动，繁殖期夜间鸣叫。肉食性，以鼠类为主，也吃小型鸟类、哺乳类动物和昆虫。4~6 月繁殖，营巢于树上，利用喜鹊的旧巢或树洞营巢，每巢产卵 3~8 枚。寿命 15~20 年。

栖息环境：常见于阔叶林、针叶林等有林地。

居留时间：留鸟，一年四季。

鸮形目 鸱鸮科 长耳鸮属

短耳鸮（duǎn ěr xiāo）

英文名：Short-eared Owl
拉丁名：*Asio flammeus*

国家二级 | 世界无危（LC） | CITES-II

体长约 38 cm。眼周黑，耳羽短，不明显。多在黄昏和晚上活动、猎食，白天潜伏于地上或草丛，很少上树。肉食性，主要以鼠类为食，也吃小鸟、蜥蜴、昆虫和蛙。4~6 月繁殖，营巢于地面草丛或树洞，每巢产卵 3~8 枚。寿命 15~20 年。

栖息环境：常见于开阔草地及沼泽地。繁殖于草丛、农田。
居留时间：2~11 月。

鸮形目 鸱鸮科 雕鸮属

雕鸮（diāo xiāo）

英文名：Northern Eagle-owl
拉丁名：*Bubo bubo*

国家二级 | 世界无危（LC） | CITES-II

体长 70 cm。体形硕大，耳羽簇长，眼橘黄色。体色深褐，下体具细密的黄色横纹及黑色细纵纹。常单独活动，白天躲藏在密林中缩颈闭目栖息，听觉敏锐，稍有声响立即伸颈睁眼，观察四周动静，如有危险就立即飞走。飞行时缓慢而无声，通常贴着地面飞行。食性广泛，包括鼠类及所有能够捕到的动物。

栖息环境：栖于林缘及人烟稀少的空旷地。
居留时间：不定期出现。

鹰形目 鹗科 鹗属

鹗（è）

英文名：Osprey
拉丁名：*Pandion haliaetus*

国家二级 | 世界无危（LC） | CITES-II

食鱼类猛禽。体长 55 cm。常在湿地高处的电线杆或树上休息。在水面缓慢盘旋或振翅停在空中，发现猎物后迅速扎入水中或潜入水中捕鱼。爪两趾向前、两趾向后，便于抓取猎物，防止脱落。寿命 20~25 年。

栖息环境：常见于视野广阔的湿地环境。

居留时间：除冬季外各个季节常见。

鹰形目 鹰科 黑翅鸢属

黑翅鸢（hēi chì yuān）

英文名：Black-shouldered Kite
拉丁名：*Elanus caeruleus*

国家二级 世界无危（LC） CITES-II

体长约 30 cm。翅上具黑色斑块。经常停歇在林缘、路边电线杆等高处。飞行时常有空中翱翔、振羽悬停动作，间或进行滑翔。捕食鼠类、小鸟、野兔、昆虫和蛇等。4~10 月营巢于树上或电线杆上，每巢产卵 2~5 枚。寿命 15~20 年。

栖息环境：常见于村庄、林缘、公园等几乎所有环境。

居留时间：一年四季。1997 年黄河口首次记录，此后种群扩大，现随处可见。

鹰形目 鹰科 蜂鹰属

凤头蜂鹰（fèng tóu fēng yīng）

英文名：Oriental Honey Buzzard
拉丁名：*Pernis ptilorhynchus*

国家二级 世界无危（LC） CITES-II

体长约 65 cm。凤头或有或无，具多种色型且体色多变。固定特征为头小、颈长，两翼及尾均狭长。飞翔时尾下羽显蓬松。特别爱吃蜜蜂，有时捕食鼠、蛙、蛇等。

栖息环境：村庄、林缘、近海等多处环境。飞行具特色，振翼几次后便做长时间滑翔，两翼平伸翱翔高空。

居留时间：3 月、5 月、8 月迁徙时经过，做短暂停歇。

鹰形目　鹰科　短趾雕属

短趾雕（duǎn zhǐ diāo）

英文名：Short-toed Snake Eagle

拉丁名：*Circaetus gallicus*

国家二级　世界无危（LC）　CITES-II

体长 65 cm。头颈短小，显身体紧凑。头颈深褐；腹白，具不规则横斑；尾具横斑。飞行时，覆羽及飞羽上长而宽的纵纹极具特色。以蛇、蛙、野兔等为食。

栖息环境： 近海湿地有记录，其他区域需进一步调查。

居留时间： 迁徙季节 4~5 月偶见。

鹰形目 鹰科 鹰属

赤腹鹰（chì fù yīng）

英文名：Chinese Sparrowhawk

拉丁名：*Accipiter soloensis*

国家二级 | 世界无危（LC） | CITES-II

体长 33 cm。雄鸟虹膜红，蜡膜橘黄，上体蓝灰，下体喉白，胸、腹棕褐，腹下白。雌鸟虹膜褐色，上体暗灰，下体胸、腹红褐。飞翔时除初级飞羽羽端黑色外，几乎全白。以蛙、蜥蜴、鼠类和昆虫等动物为食。

栖息环境：喜开阔林区，常休息于林缘高处。

居留时间：3~10 月，迁徙期常见；4~7 月于当地繁殖。

鹰形目 鹰科 鹰属

日本松雀鹰（rì běn sōng què yīng）

英文名：Japanese Sparrowhawk
拉丁名：*Accipiter gularis*

国家二级 世界无危（LC） CITES-II

体长 27 cm。雄鸟虹膜红或黄，眼圈黄。喉白，无明显髭纹。腹部具非常细的羽干纹。雌鸟喉白，具细喉央纹，下体具浓密的褐色横斑。以山雀、莺类等小型鸟类及昆虫和蜥蜴为食。

栖息环境：森林型雀鹰，常在森林边缘休息、伺机捕食。

居留时间：春、秋迁徙季节，振翼迅速，结群迁徙。

鹰形目 鹰科 鹰属

松雀鹰（sōng què yīng）

英文名：Besra

拉丁名：*Accipiter virgatus*

国家二级 世界无危（LC） CITES-II

体长 33 cm。成鸟喉白，具黑色喉央线及髭纹，胸具棕纵纹，胁具横斑。亚成鸟胸部纵纹较多。以鼠类、小鸟、昆虫等为食。

栖息环境： 森林型鹰，在林间静立伺机找寻爬行类或鸟类等猎物。

居留时间： 4~5 月、9~10 月迁徙期可见。

鹰形目 鹰科 鹰属

雀鹰（què yīng）

英文名：Eurasian Sparrowhawk
拉丁名：*Accipiter nisus*

国家二级 | 世界无危（LC） | CITES-II

体长 32 cm（雄）、38 cm（雌）。雄鸟喉白无纵纹，脸颊棕，具白眉，下体具细密棕横纹，尾具细横带。雌鸟脸颊棕色较淡，下体细密横纹为白色。亚成鸟脸颊褐色较深，下体白，具矛状纵纹斑。

栖息环境： 喜林缘或开阔林区，从栖处或“伏击”飞行中捕食。

居留时间： 迁徙期及越冬期均可见。

鹰形目　鹰科　鹰属

苍鹰（cāng yīng）

英文名：Northern Goshawk

拉丁名：*Accipiter gentilis*

国家二级　世界无危（LC）　CITES-II

体长 60 cm。成鸟头黑，具白色的宽眉纹；喉白，具细纵纹；下体白，具细密横纹。亚成鸟上体褐色浓重，羽缘色浅呈鳞状纹，下体棕黄具偏黑色粗纵纹。两翼宽圆，能作快速翻转扭绕。主要食物为鸽类等其他鸟类、野兔等小型动物。

栖息环境：体形大的鹰类，喜多种环境的开阔地带。沿海大堤常见其休息停歇。

居留时间：5 月、9~10 月迁徙期常见。

鹰形目 鹰科 鹞属

白腹鹞（bái fù yào）

英文名：Eastern Marsh-Harrier

拉丁名：*Circus spilonotus*

国家二级 | 世界无危（LC） | CITES-II

体长 42 cm。雄鸟下体白，具纵纹。雌鸟全身棕，胸具白斑。性机警而孤独，常低空飞行，两翅上举成浅“V”字形。主要捕食小鸟、鼠、蛙、蜥蜴、蛇和昆虫。4~7 月营巢于芦苇丛或灌丛，每巢产卵 4~5 枚。寿命 15~20 年。

栖息环境：常见于开阔多草沼泽或芦苇地。

居留时间：一年四季，留鸟。

鹰形目 鹰科 鹞属

白尾鹞（bái wěi yào）

英文名：Northern Harrier

拉丁名：*Circus cyaneus*

国家二级 | 世界无危（LC） | CITES-II

体长约 50 cm。雄鸟头灰，腰白。雌鸟体色斑驳，具褐色斑纹。沿湿地低空飞翔，滑翔时两翼呈“V”形，发现猎物后急速降到地面捕食。以小型鸟类、鼠类、蛙、蜥蜴和昆虫为食。4~7 月繁殖筑巢于草丛、灌木丛内，产卵 4~5 枚。寿命 15~20 年。

栖息环境：常见于芦苇沼泽、湿地附近。

居留时间：一年四季，留鸟。

鹰形目 鹰科 鹞属

鹊鹞（què yào）

英文名：Pied Harrier
拉丁名：*Circus melanoleucos*

国家二级 世界无危（LC） CITES-II

体长约 42 cm。雄鸟体色黑白相间。雌鸟下体皮黄，具棕色纵纹。常单独活动，在低空飞翔，滑翔时两翼呈“V”形，以小鸟、鼠类、蛇、昆虫等动物为食。4~7 月营巢于灌丛、草地，每巢产卵 4~5 枚。寿命 15~20 年。

栖息环境：常见于芦苇沼泽、湿地附近。
居留时间：一年四季，留鸟。

鹰形目　鹰科　鸢属

黑鸢（hēi yuān）

英文名：Black Kite
拉丁名：*Milvus migrans*

国家二级　世界无危（LC）　CITES-II

体长 65 cm。耳羽黑，嘴灰青色，下体具粗的针状黄色羽轴。飞翔时初级飞羽基部具白斑，尾略显分叉。以小鸟、鼠类、蛇等动物为食。又名黑耳鸢。

栖息环境： 常停歇于居民区、村庄周围及水域附近。

居留时间： 4~5 月、9~11 月迁徙季节常见。

鹰形目 鹰科 鵟鹰属

灰脸鵟鹰（huī liǎn kuáng yīng）

英文名：Grey-faced Buzzard

拉丁名：*Butastur indicus*

国家二级 | 世界无危（LC） | CITES-II

体长 45 cm。成鸟眼黄，眉白而粗，脸侧灰，喉白具黑色髭纹、喉央纹，下体胸呈红褐块斑，腹具横斑。以蛇类、蛙、鼠类等动物性食物为食。

栖息环境： 栖于林缘，常近地面飞翔。

居留时间： 5 月、10~11 月迁徙期可见。

鹰形目 鹰科 鵟属

毛脚鵟（máo jiǎo kuáng）

英文名：Rough-legged Hawk
拉丁名：*Buteo lagopus*

国家二级 世界无危（LC） CITES-II

体长 54 cm。头、颈白，腹深棕色，脚及臀部白，尾白端黑。飞翔时，除翼端及翼角黑外，其余翼白。以鼠类、野兔、小型鸟类为食。

栖息环境： 喜开阔地。常徘徊飞行，在空中发现猎物后急速收翼捕捉。飞行时似大型鹞类。

居留时间： 10 月至次年 3 月，在此越冬并在迁徙期常见。

鹰形目 鹰科 鵟属

大鵟（dà kuáng）

英文名：Upland Buzzard
拉丁名：*Buteo hemilasius*

国家二级 世界无危（LC） CITES-II

体长 60 cm。有多种色型，头顶白而显得整个头部较白，胸有稀纵纹而腹无斑纹，有时喉部羽蓬松显头部较圆大，初级飞羽大斑明显。以鼠类、野兔、小型鸟类为食。

栖息环境：喜开阔地带，常单独活动。栖于路边电线杆或开阔地的高处。
居留时间：春、秋及冬季均有发现。

鹰形目 鹰科 鵟属

普通鵟（pǔ tōng kuáng）

英文名：Eastern Buzzard

拉丁名：*Buteo japonicus*

国家二级 | 世界无危（LC） | CITES-II

体长55 cm。额基、喉块色深，胸部有纵纹并具浓重色块，区别于其他鵟。初级飞羽有大斑。有深色型、棕色型、淡色型等多种体色变化，但额基、喉块明显。以鼠类、野兔、小型鸟类为食。

栖息环境：喜开阔地带，常单独活动。栖于路边电线杆或开阔地的高处。

居留时间：春、秋及冬季均有发现。

隼形目 隼科 隼属

黄爪隼（huáng zhǎo sǔn）

英文名：Lesser Kestrel
拉丁名：*Falco naumanni*

国家二级 世界无危（LC） CITES-II

体长 30 cm。与红隼相似，雄鸟区别在无黑眼斑，体背赤褐无黑纵纹，下体纵纹稀。雌鸟与雄鸟易混，区别在眼斑短，脸颊色深。飞翔时，翅下白，仅有少量棕色横斑。如果可见后爪，后爪色淡可以辅助识别。以昆虫、鼠、蜥蜴、蛙、小型鸟类为食。

栖息环境： 栖于灌丛或林缘，有时到农田觅食。秋季曾在农田有中毒救护记录。

居留时间： 春、秋季极为少见，常单独或成对迁徙。

隼形目 隼科 隼属

红隼（hóng sǔn）

英文名：Common Kestrel
拉丁名：*Falco tinnunculus*

国家二级 世界无危（LC） CITES-II

体长 33 cm。体色红褐，具黑眼斑，下体具黑色纵纹。单独活动，取食迅速。休息时位于空旷孤立的树梢或电线杆上，傍晚最为活跃。主食老鼠、小鸟、蛙及昆虫。5~7 月营巢于树洞或喜鹊旧巢，产卵 4~5 枚。寿命 10~15 年。

栖息环境：常见于林缘、农田、旷野等多处环境。
居留时间：一年四季。

隼形目 隼科 隼属

红脚隼（hóng jiǎo sǔn）

英文名：Eastern Red-footed Falcon
拉丁名：*Falco amurensis*

国家二级 | 世界无危（LC） | CITES-II

体长 33 cm。雄鸟蜡膜及眼圈橙红，上体及翼黑，下体灰，臀棕红色，脚红色。飞行时翼下覆羽为白色。雌鸟上体青灰，具细灰羽轴；下体乳白，胸具醒目的黑色纵纹。飞行时翼下白色并具黑色点斑及横斑。以昆虫为食。又名阿穆尔隼。

栖息环境：分布在多种环境，喜立于电线及树木高处，迁徙时结成大群。

居留时间：4~5 月、9~10 月迁徙期常见。

隼形目 隼科 隼属

灰背隼（huī bèi sǔn）

英文名：Merlin

拉丁名：*Falco columbarius*

国家二级 | 世界无危（LC） | CITES-II

体长 30 cm。具细白眉纹。雄鸟上体灰，具细轴纹。雌鸟下体白，具粗棕色纵纹，有别于常见的红隼。以昆虫和鼠类等小型动物为食。

栖息环境：分布在多种环境，特别是村庄、农田，喜立于电线及树木高处，迁徙时结成大群。

居留时间：9 月至次年 3 月在此越冬。

隼形目 隼科 隼属

燕隼（yàn sǔn）

英文名：Hobby
拉丁名：*Falco subbuteo*

国家二级 世界无危（LC） CITES-II

体长 30 cm。与雌红脚隼相似，区别在于燕隼上体无横纹，眼下斑粗，脸颊白而有小块竖斑，蜡膜、眼圈、脚黄色，腹及臀红。主要在空中捕食雀形目小鸟及昆虫。

栖息环境：分布在多种环境，喜开阔地及有林地带。

居留时间：2~3 月、4~5 月、9~10 月迁徙期出现并越冬。

隼形目 隼科 隼属

游隼（yóu sǔn）

英文名：Peregrine Falcon

拉丁名：*Falco peregrinus*

国家二级 | 世界无危（LC） | CITES-I

体长 45 cm。眼下斑粗黑明显，胸具纵纹。飞翔时翼下细布白点斑。主要捕食野鸭、鸥等中小型鸟类及鼠类、野兔等。

栖息环境：分布在多种环境，湿地、农田、村庄等。

居留时间：4~5 月、9~10 月迁徙期出现。

雀形目　百灵科　云雀属

云雀（yún què）

英文名：Eurasian Skylark

拉丁名：*Alauda arvensis*

国家二级　世界无危（LC）

体长 15 cm。嘴形尖细，铅灰色。顶冠具黑纵纹，有时竖起似羽冠。上体红褐具纵纹，下体胸具黑纵纹。有突然从地面起飞，稍稍浮翔，又疾飞而上的习性。

栖息环境： 广泛分布于农田、草地。

居留时间： 当地留鸟，一年四季常见。

雀形目 百灵科 百灵属

蒙古百灵（méng gǔ bǎi líng）

英文名：Mongolian Lark

拉丁名：*Melanocorypha mongolica*

国家二级 世界无危（LC）

体长 16 cm。胸具一道黑色横纹，头部白色眉纹延伸至颈背，翼具大斑。以草籽、嫩芽等为食，兼食少量昆虫。善鸣叫，善奔走，受惊扰时常藏匿不动。

栖息环境： 栖于干燥矮草地及附近灌丛。

居留时间： 当地常见留鸟，分布广泛。当地常见笼养鸟。

雀形目 鸦雀科 *Calamornis* 属

震旦鸦雀（zhèn dàn yā què）

英文名：Reed Parrotbill
拉丁名：*Paradoxornis heudei*

国家二级 世界近危（NT）

体长约 18 cm。黄嘴粗，呈拱圆形；黑眉粗长；尾长。在芦苇间穿梭，剥食苇秆里的甲介虫，也啄食种子，冬季吃浆果。5~7 月营巢于芦苇丛，以芦苇纤维为巢材筑巢，巢为杯状，每巢产 2~5 枚卵。寿命 8~10 年。

栖息环境：常见于水域岸边的芦苇丛、香蒲等环境。

居留时间：一年四季。中国特有鸟种，黄河口极为常见，且数量众多、分布广泛。

雀形目 绣眼鸟科 绣眼鸟属

红胁绣眼鸟（hóng xié xiù yǎn niǎo）

英文名：Chestnut-flanked White-eye

拉丁名：*Zosterops erythropleurus*

国家二级 世界无危（LC）

体长约 11 cm。小型鸣禽，以两胁栗色为典型特征。性活泼而喧闹，常集群。杂食性，以小型果实、昆虫及花蜜为食。4~7 月繁殖，营巢于树枝间，巢呈吊篮状或杯状，每巢产卵 3~4 枚。寿命 5~8 年。

栖息环境：常见于林地、林缘、公园等有树的多种环境。

居留时间：4~10 月。

雀形目 鹟科 歌鸲属

蓝喉歌鸲（lán hóu gē qú）

国家二级 世界无危（LC）

英文名：Bluethroat

拉丁名：*Luscinia svecica*

体长 16 cm。喉蓝，具栗色斑块。惧生，多取食于地面。走似跳，不时地停下抬头及闪尾。站势直，飞行低而快速，一般只作短距离飞翔，径直躲入林草下。杂食性，以昆虫为食，也吃少量植物果实。寿命 7~8 年。又名蓝点颏。

栖息环境：常见于近水的芦苇丛中，当地沿海区域较多。

居留时间：4~5 月、9~10 月。

雀形目 鹟科 歌鸲属

红喉歌鸲（hóng hóu gē qú）

国家二级 世界无危（LC）

英文名：Siberian Rubythroat

拉丁名：*Calliope calliope*

体长约 16 cm。具醒目的白眉纹和颊纹，喉红。藏于森林密丛及次生植被，常在地面跳跃或奔驰，善鸣叫与仿声，鸣声多韵而婉转，十分悦耳。善于地面上轻巧跳跃，走动灵活。杂食性，以昆虫为食，也吃少量植物果实。寿命 7~8 年。又名红点颏。

栖息环境：常见于沿近海分布的芦苇及小树林、菜园中。

居留时间：4~5 月、9~10 月。

雀形目 燕雀科 朱雀属

北朱雀（běi zhū què）

英文名：Pallas's Rosefinch

拉丁名：*Carpodacus roseus*

国家二级 世界无危（LC）

体长 16 cm。雄鸟体形矮胖；体色显红；额顶及颏霜白；翼黑，具两道白翼斑。雌鸟体色暗淡，胸、胁具纵纹，胸沾红，腹白。以植物果实、种子、幼芽及谷物为食。

栖息环境：栖于树林、公园，于地面觅食。

居留时间：11 月至次年 3 月，于当地越冬。

雀形目 燕雀科 交嘴雀属

红交嘴雀（hóng jiāo zuǐ què）

英文名：Red Crossbill

拉丁名：*Loxia curvirostra*

国家二级 世界无危（LC）

体长 16 cm。雄鸟嘴圆拱形，上下交错，除翼、尾黑褐外，体显红，翼无斑，耳羽外缘黑。雌鸟耳羽及上体暗灰，下体暗橄榄绿。

栖息环境：喜针叶林，倒悬进食，用交嘴嗑开松子。飞行迅速而带起伏。

居留时间：11 月至次年 3 月，于当地越冬。

第四章
鸟类识别

1 陆禽

共性

主要在地面活动、觅食，以谷类、昆虫等为食。一般嘴形较粗短，不善于飞翔或仅作短距离飞翔，于地面觅食。

种类

11 种，包括山鹑类 1 种、雉类 2 种、鸠鸽类 5 种、沙鸡类 1 种、三趾鹑类 1 种、鸨类 1 种。

备注

大鸨为国家一级保护鸟类（内容参前文）。

鸡形目 雉科 山鹑属

斑翅山鹑（bān chì shān chún）

英文名：Daurian Partridge

拉丁名：*Perdix dauurica*

体长 28 cm。雄鸟脸、喉中部及腹部橘黄色，喉部有羽须，腹中部有一倒“U”字形黑色斑块。雌鸟胸部无橘黄色及黑色倒“U”字形斑块。以植物为食，繁殖季节吃昆虫和小型无脊椎动物。

栖息环境：栖于矮草地、农田、芦苇地，因体色与环境相似而极难被发现。

居留时间：10 月至次年 3 月，在此越冬。

识别要点：与灰山鹑的区别在于胸为黑色而非栗色，喉部橘黄色延至腹部，喉部有羽须。

鸡形目 雉科 雉属

环颈雉（huán jǐng zhì）

英文名：Common Pheasant
拉丁名：*Phasianus colchicus*

体长 85 cm（雄）、50 cm（雌）。雄鸟尾长而体色艳丽，有耳羽簇，眼周裸皮鲜红色，有白色颈圈。雌鸟色暗淡，周身密布浅褐色斑纹，眼下具半月形斑。食谷类、浆果、种子和昆虫。

栖息环境： 栖于开阔林地、灌木丛、农耕地、草地等多种环境。分布广泛。

居留时间： 一年四季，留鸟。

鸡形目 雉科 鹌鹑属

鹌鹑（ān chún）

英文名：Japanese Quail

拉丁名：*Coturnix japonica*

体长 20 cm。体小、滚圆，白眉及上体的白色矛状长羽轴不同于其他鹌鹑。雄鸟耳羽、颊栗色，雌鸟白。食谷类、浆果、种子和昆虫。隐藏于地面草丛，近距离接近后起飞，短距离飞翔后重新落入草地。又名日本鹌鹑。

栖息环境：栖于矮草地、农田、芦苇地，因体色与环境相似而极难被发现。

居留时间：一年四季，留鸟。

鸽形目 鸠鸽科 鸽属

岩鸽（yán gē）

英文名：Hill Pigeon

拉丁名：*Columba rupestris*

体长 31 cm。头、颈灰，带绿紫光泽；体色灰；翼具两道黑翼带；尾灰，具黑色尾端、白色次端带。以谷类、种子为食。与家鸽易混，区别在尾横斑及翼带。

栖息环境：群栖于多峭壁崖洞的岩崖地带。

居留时间：偶见的旅鸟，可能是因生境不适合，在迁徙中路过。

鸽形目 鸠鸽科 斑鸠属

山斑鸠（shān bān jiū）

英文名：Oriental Turtle Dove

拉丁名：*Streptopelia orientalis*

体长 32 cm。头部淡灰，后颈具黑白相间的五道横纹。以谷类、种子为食。

栖息环境： 多在开阔农耕区、村庄及树林活动，取食于地面。迁徙期常见于沿海区域。

居留时间： 春秋迁徙季节常见。

鸽形目 鸠鸽科 斑鸠属

灰斑鸠（huī bān jiū）

英文名：Eurasian Collared Dove

拉丁名：*Streptopelia decaocto*

体长 32 cm。整体色淡灰，后颈具黑色半颈环，且上、下缘白。以谷类、种子为食。

栖息环境： 栖于农田及村庄，路边电线上常见。

居留时间： 春秋迁徙季节常见。

鸽形目 鸠鸽科 斑鸠属

火斑鸠（huǒ bān jiū）

英文名：Red Turtle Dove
拉丁名：*Streptopelia tranquebarica*

体长 32 cm。体色浅红褐，后颈具黑色半领圈，雄鸟头灰。以谷类、种子为食。

栖息环境： 栖于农田及村庄，路边电线上常见。
居留时间： 春秋迁徙季节常见。

鸽形目　鸠鸽科　斑鸠属

珠颈斑鸠（zhū jǐng bān jiū）

英文名：Spotted Dove

拉丁名：*Spilopelia chinensis*

体长 30 cm。头部淡灰，后颈黑并密布白色点斑。尾长，外侧尾羽前端白色。以谷类、种子为食。

栖息环境：与人类共生，栖于村庄周围、公园、居民区等多种环境，在地面取食。受干扰后缓缓振翅，贴地而飞。

居留时间：留鸟，常见。

沙鸡目 沙鸡科 毛腿沙鸡属

毛腿沙鸡（máo tuǐ shā jī）

英文名：Pallas's Sandgrouse
拉丁名：*Syrrhaptes paradoxus*

体长 36 cm。雄鸟头灰，具橙黄眉纹及喉。上体体背黄褐且具黑色横纹；下体胸灰，下具黑横斑胸带，腹黄且具黑色大斑，尾形长，脚短被羽。雌鸟头顶具细纵纹，无黑横斑胸带，颈侧具黑点斑。以植物种子、幼芽为食。

栖息环境： 农田、草地。
居留时间： 11 月至次年 3 月，在此越冬。常集大群。

鸻形目 三趾鹑科 三趾鹑属

黄脚三趾鹑（huáng jiǎo sān zhǐ chún）

英文名：Yellow-legged Buttonquail

拉丁名：*Turnix tanki*

体长 16 cm。雄鸟嘴黄色；上体黄褐杂有黑斑，翼覆羽有大黑点斑；下体胸棕栗色，肋具黑点斑；脚黄色。雌鸟枕及背部较雄鸟多栗色，上胸呈棕栗色。性胆怯，稍有惊动即逃逸或隐藏。

栖息环境：以小群活动于灌木丛、草地、沼泽地及耕作地，尤喜稻茬地。

居留时间：3~10 月，于当地繁殖。

2 游禽

共性

游禽大多生活在宽阔水域，如水库、河流、湖泊等生境，以鱼类、水草等为食。嘴形依食物不同而有的尖直，有的宽扁。脚短，趾间有蹼，拙于行走而善于游泳或潜水。

种类

黄河口有 68 种，包括天鹅、雁鸭类 37 种，䴙䴘类 5 种，潜鸟类 2 种，鹈鹕类 3 种，鸬鹚类 3 种，鸥类 11 种，燕鸥类 7 种。

备注

游禽中国家一级保护鸟类有 6 种，分别为中华秋沙鸭、青头潜鸭、卷羽鹈鹕、白鹈鹕、黑嘴鸥、遗鸥；国家二级保护鸟类有 14 种，分别为疣鼻天鹅、大天鹅、小天鹅、鸿雁、白额雁、小白额雁、斑头秋沙鸭、鸳鸯、花脸鸭、赤颈䴙䴘、角䴙䴘、黑颈䴙䴘、海鸬鹚、黑浮鸥。描述参前文。

分类概述

天鹅+雁鸭类

天鹅类

雁类

鸭类

共性

包括天鹅类、雁类、鸭类、秋沙鸭类等。鸭类进一步细分可分为浮水鸭（觅食时浮于水面）、潜水鸭（潜水觅食）、秋沙鸭（嘴形尖细带齿）、海鸭（生活于海域）等。

生活在河流、沼泽、池塘等多种有水的环境，以水生植物、动物为食。

趾间具蹼而善游泳，嘴形宽扁，脚短，翼宽而尾短。

体形大小不等，大型的雁、天鹅雌雄同色，成鸟和亚成鸟略有差异。

体形小的鸭类雌雄异色，雄性常具艳丽羽色或翼斑，雌性体色较暗灰。

种类

中国58种，黄河口37种。

䴙䴘类

共性

生活在河流、池塘、沼泽等多种水域。

以鱼类、水生动物为食，潜于水中觅食。

遇危险时常潜水逃逸。

体形粗短肥胖，嘴直而尖，翅短而尖，尾羽几乎无羽或仅有少量绒羽。

雌、雄差异不大，但冬羽、夏羽体色差异大。

种类

中国 5 种，黄河口 5 种。

潜鸟类

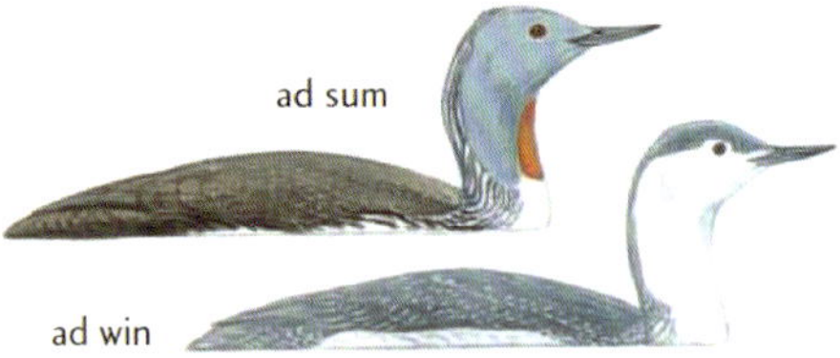

共性

生活在海洋、河流等水域，以鱼类、甲壳类及软体动物为食。

嘴直而尖，颈粗长，善飞行及潜水，在陆地行走困难，只能匍匐前进。飞翔时呈驼背状。

雌、雄差异不大，但冬羽、夏羽体色差异大。

种类

中国 4 种，黄河口 2 种。

鹈鹕类

共性

栖于大型水库、芦苇沼泽，捕食鱼类。

体形大，嘴长而扁平，具有特征性喉囊，翼宽大而尾短。

喜集群。

种类

中国 3 种，黄河口 3 种（粉红背鹈鹕为中国目前唯一的记录，未列入中国鸟类名录）。

鸬鹚类

共性

栖于河流、水库、池塘等多种有水环境，捕食鱼类。

嘴形长，尖端呈钩状，颈及身体细长，尾羽长而坚硬，脚短，趾间具全蹼。

体色多暗黑，雌、雄相似，夏羽、冬羽略有不同。

休息时，以尾作为支点，站姿直；游泳时身体沉浮于水中或潜入水中捕食。

体羽无防水油脂，水中翼羽浸湿时显翼沉重，会花长时间将翼伸展于阳光下晾干。

种类

中国 6 种，黄河口 3 种。

鸥类

共性

海洋性鸟类，以鱼类及动物尸体为食。

体形肥胖，嘴形粗直，翅宽长而尾短，折翼时翼长超过尾长，尾不分叉。

雌雄相似，但冬羽与夏羽、成鸟与幼鸟和亚成鸟有较大差异。

成鸟夏羽尾白，翼尖黑，头及下体白，上体黑或灰；冬羽头侧具褐色点斑。亚成鸟体色多褐，尾具黑色次端。

种类

中国 23 种，黄河口 11 种。

燕鸥类

共性

栖于沿海或内陆水域，以鱼类等为食。

嘴长而细，体纤细，翅狭长，尾形长且呈凹形或分叉。

不同于鸥类，许多燕鸥会沿水域来到内陆。

夏、冬羽色有差异，亚成鸟或幼鸟体色杂有褐斑。

种类

中国 22 种，黄河口 7 种。

雁形目　鸭科　黑雁属

黑雁（hēi yàn）

英文名：Brant Goose

拉丁名：*Branta bernicla*

体长 62 cm。成鸟嘴和脚黑，头、颈黑且具白色半颈环。亚成鸟锁部无白斑，但翅上多白色横纹。以植物性食物为食，偶食少量水生无脊椎动物和鱼卵。

栖息环境： 近海滩涂、潮沟入海河口。

居留时间： 4 月，偶有记录。

雁形目 鸭科 雁属

雪雁（xuě yàn）

英文名：Snow Goose

拉丁名：*Anser caerulescens*

体长 80 cm。嘴及脚粉色，全身雪白，初级飞羽羽端黑。以植物根、茎和谷物为食。

栖息环境：黄河两侧的冬小麦田、收割后的稻田。

居留时间：10 月至次年 3 月，与其他雁混群，有多次记录。

雁形目 鸭科 雁属

灰雁（huī yàn）

英文名：Graylag Goose

拉丁名：*Anser anser*

体长 76 cm。嘴和脚粉红色，嘴基无白色。飞行中可见浅色的翼缘。以各种水生和陆生植物为食，有时也吃螺、虾、昆虫等。

栖息环境：栖于浅水芦苇丛、滩涂或草地、农田。

居留时间：10 月中旬至次年 3 月在此越冬。近几年，有繁殖种群长期居留。

雁形目 鸭科 雁属

短嘴豆雁（duǎn zuǐ dòu yàn）

英文名：Tundra Bean Goose

拉丁名：*Anser serrirostris*

体长 80 cm。嘴黑且具橘黄色次端带，脚橘黄。亚成鸟嘴基常具白色狭线。以植物为食。

栖息环境：成群栖于浅水芦苇丛、滩涂或草地、农田，冬季常到麦田觅食，取食麦苗。

居留时间：10 月中旬至次年 3 月在此越冬。

雁形目 鸭科 长尾鸭属

长尾鸭（cháng wěi yā）

英文名：Long-tailed Duck

拉丁名：*Clangula hyemalis*

体长 58 cm。嘴宽短，具粉色次端块。夏季头部白，脸侧具黑色斑块；冬季胸黑，颈侧有大块黑斑。雄鸟头顶白，中央尾羽长；雌鸟头顶盖黑色。潜水取食水生动物。

栖息环境： 近海水域。

居留时间： 越冬期不定期出现。

备注： 世界易危（VU）。

雁形目 鸭科 海番鸭属

斑脸海番鸭（bān liǎn hǎi fān yā）

英文名：Stejneger's Scoter

拉丁名：*Melanitta stejnegeri*

体长 56 cm。雄鸟眼白，嘴红宽、尖黄，嘴基具黑色肉瘤，体全黑，眼下及眼后白。雌鸟嘴黑，体色烟褐，眼前部具杂色，次级飞羽白，飞翔时明显。潜水取食水生动物。

栖息环境： 近海水域。

居留时间： 越冬期不定期出现。

雁形目 鸭科 鹊鸭属

鹊鸭（què yā）

英文名：Common Goldeneye

拉丁名：*Bucephala clangula*

体长 48 cm。雄鸟脸具白斑，嘴黑，眼黄。雌鸟嘴黑、尖黄（有时无），眼黄，颈具白颈环。潜水取食水生动物。

栖息环境： 河道及芦苇沼泽，近海水域常集大群。

居留时间： 10~12 月、2~3 月迁徙季节可见。

雁形目 鸭科 秋沙鸭属

普通秋沙鸭（pǔ tōng qiū shā yā）

英文名：Common Merganser

拉丁名：*Mergus merganser*

体长 68 cm。雄鸟嘴红、细长且尖带钩，头及体背绿黑，与下体的白界线清晰。雌鸟颏白，头棕褐色并与白颈有明显界线。潜水取食水生动物。

栖息环境：喜结群栖于芦苇沼泽、河流及水库。

居留时间：10 月下旬至次年 3 月常见。

雁形目 鸭科 秋沙鸭属

红胸秋沙鸭（hóng xiōng qiū shā yā）

英文名：Red-breasted Merganser

拉丁名：*Mergus serrator*

体长 53 cm。雄鸟眼红，头绿黑且具丝状冠羽，胸红，头与胸间具白色颈环。雌鸟嘴红且稍上翘，头棕褐，与灰白的胸无明显过渡，体羽灰褐。潜水取食水生动物。

栖息环境：栖于河流及芦苇沼泽，尤其是近海海域。

居留时间：4 月、10~11 月可见。

雁形目 鸭科 麻鸭属

翘鼻麻鸭（qiào bí má yā）

英文名：Common Shelduck

拉丁名：*Tadorna tadorna*

体长 60 cm。雄鸟嘴红且上翘，嘴基具隆起肉瘤，胸具一栗色横带，腹中央具绿黑纵纹，其余体白。雌鸟嘴基无隆起肉瘤。以水生动物为食，也吃植物性食物。

栖息环境：芦苇沼泽、近海海域、池塘。

居留时间：全年皆可见，春秋迁徙季节集群。近几年有繁殖种群。

雁形目 鸭科 麻鸭属

赤麻鸭（chì má yā）

英文名：Ruddy Shelduck

拉丁名：*Tadorna ferruginea*

体长 63 cm。雄鸟头皮黄，具黑色颈环，全身黄褐；飞翔时，翼上、翼下覆羽白，翅黑沾铜绿色。雌鸟无黑色颈环。以水生动物为食，也吃植物性食物。

栖息环境： 近海滩涂、河道及芦苇沼泽。

居留时间： 春、秋迁徙季节常集大群，偶有越冬小种群及越夏种群。

雁形目 鸭科 狭嘴潜鸭属

赤嘴潜鸭（chì zuǐ qián yā）

英文名：Red-crested Pochard

拉丁名：*Netta rufina*

体长55 cm。雄鸟嘴红，头、颈锈红，下体两胁白，飞翔时翼具白色宽带。雌鸟嘴黑而尖黄，头顶黑褐而脸侧及喉白，体褐色，两胁无白色。以水生植物和鱼、虾、贝壳类为食。

栖息环境：水库、芦苇沼泽、河道。

居留时间：2~3 月、10~11 月迁徙期常见。

雁形目 鸭科 潜鸭属

红头潜鸭（hóng tóu qián yā）

英文名：Common Pochard
拉丁名：*Aythya ferina*

体长 46 cm。雄鸟嘴黑且具灰色次端斑，头、颈红，胸黑，体背及胁具细密白斑纹，腹白。雌鸟头、颈棕，脸侧色淡并具白色外缘。杂食性，主要以水生植物和鱼、虾、贝壳类为食。

栖息环境：集群栖于芦苇沼泽及有水生植被的池塘、河流。
居留时间：10 月至次年 3 月，于当地越冬，数量集中且分布广泛。
备注：世界易危（VU）。

雁形目　鸭科　潜鸭属

白眼潜鸭（bái yǎn qián yā）

英文名：Ferruginous Duck

拉丁名：*Aythya nyroca*

体长 41 cm。雄鸟虹膜白色，头、颈、胸及两胁浓栗色，上体黑褐，腹及尾下覆羽白。雌鸟虹膜褐色，体色棕褐色。杂食性，主要以水生植物和鱼、虾、贝壳类为食。

栖息环境： 常单独或小群体栖居于有水草的池塘、沼泽、河流。

居留时间： 10 月至次年 3 月，于当地越冬。

备注： 世界近危（NT）。

雁形目　鸭科　潜鸭属

凤头潜鸭（fèng tóu qián yā）

英文名：Tufted Duck

拉丁名：*Aythya fuligula*

体长 42 cm。雄鸟嘴灰而尖黑，眼黄，具冠羽，上体黑褐，下体腹部及体侧白。雌鸟整体黄褐，嘴基具白色斑，尾下白。杂食性，主要以水生植物和鱼、虾、贝壳类为食。

栖息环境： 常单独或小群体栖居于有水草的池塘、沼泽、河流。

居留时间： 10 月至次年 3 月，于当地越冬。

雁形目 鸭科 潜鸭属

斑背潜鸭（bān bèi qián yā）

英文名：Greater Scaup
拉丁名：*Aythya marila*

体长 48 cm。雄鸟嘴灰蓝，眼黄，头、颈黑且具绿色光泽，胸黑，体背具白色细纹，翼黑。雌鸟嘴基具大块白斑，头、颈黑褐，体羽棕褐。杂食性，捕食水生动物及植物，潜水觅食。

栖息环境：芦苇沼泽、河流、池塘及近海水域等。
居留时间：在迁徙季节偶见，与其他潜鸟混群。

雁形目 鸭科 匙嘴鸭属

白眉鸭（bái méi yā）

英文名：Garganey

拉丁名：*Spatula querquedula*

体长 40 cm。雄鸟头棕且具宽阔的白色眉纹，体背具形长的肩羽，肋具白细纹。雌鸟嘴黑，头部显白且具白眉、褐色贯眼纹及白色眼下斑。白天休息，夜晚进食，从不潜水。主要以植物为食。

栖息环境：栖于芦苇沼泽及河道、池塘。

居留时间：春、秋迁徙季节常结大群。

雁形目 鸭科 琵嘴鸭属

琵嘴鸭（pí zuǐ yā）

英文名：Northern Shoveler

拉丁名：*Spatula clypeata*

体长 50 cm。嘴长，末端呈匙形。雄鸟头深绿色，下体白，腹部栗色。雌鸟体背暗褐，下体满布棕色羽斑。以螺、鱼、蛙等动物及水藻、草籽等植物为食，通过左右来回摆动嘴收集食物。

栖息环境： 喜沿海滩涂、芦苇沼泽。

居留时间： 春、秋迁徙季节常见。

雁形目 鸭科 *Mareca* 属

罗纹鸭（luó wén yā）

英文名：Falcated Duck

拉丁名：*Mareca falcata*

体长 50 cm。雄鸟嘴黑，额具小白斑，喉白并具黑色颈环，三级飞羽长而弯曲。雌鸟头及颈污灰而眼周色深，两胁略带扇贝形纹。以植物为食，偶吃小型无脊椎动物。觅食多在黄昏和清晨。

栖息环境： 集大群栖于芦苇沼泽及大面积水域、大水库。

居留时间： 10 月至次年 3 月，在此越冬。

雁形目 鸭科 *Mareca* 属

赤膀鸭（chì bǎng yā）

英文名：Gadwall

拉丁名：*Mareca strepera*

体长 50 cm。雄鸟嘴黑，头、颈棕且具细小点斑，上体肩羽赤褐色，尾覆羽黑。雌鸟嘴侧橘黄，嘴中灰。以植物性食物为主。多在黄昏和清晨觅食。

栖息环境： 集大群栖于芦苇沼泽及大面积水域、大水库。

居留时间： 10 月至次年 3 月，在此越冬。

雁形目 鸭科 *Mareca* 属

赤颈鸭（chì jǐng yā）

英文名：Eurasian Wigeon

拉丁名：*Mareca penelope*

体长 47 cm。雄鸟嘴灰而尖黑，头、颈红褐，额至头顶黄，腹白，尾下覆羽黑色。雌鸟嘴灰而尖黑，眼圈污灰。以水生植物、杂草、农作物为食，也吃少量动物。

栖息环境： 集大群栖于芦苇沼泽及大面积水域、大水库。

居留时间： 10 月至次年 3 月，在此越冬。

雁形目 鸭科 鸭属

斑嘴鸭（bān zuǐ yā）

英文名：Eastern Spot-billed Duck
拉丁名：*Anas zonorhyncha*

体长 60 cm。雌雄相同，嘴黑而端黄，具白眉及黑色贯眼纹。停栖时白色的三级飞羽有时可见，飞翔时明显。主要以植物为食，也吃无脊椎动物和甲壳动物。

栖息环境：群栖于芦苇沼泽及河道、池塘、水库等多种环境。
居留时间：留鸟，一年四季常见。

雁形目 鸭科 鸭属

绿头鸭（lǜ tóu yā）

英文名：Mallard

拉丁名：*Anas platyrhynchos*

体长 58 cm。雄鸟嘴黄绿，头及颈深绿，具白颈环，胸栗色；飞翔时具蓝色翼镜且外缘白。雌鸟嘴外侧橙黄，中间黑。主要以植物为食，也吃无脊椎动物和甲壳动物。

栖息环境：群栖于芦苇沼泽及河道、池塘、水库等多种环境。

居留时间：留鸟，一年四季常见。

雁形目 鸭科 鸭属

针尾鸭（zhēn wěi yā）

英文名：Northern Pintail

拉丁名：*Anas acuta*

体长 55 cm。雄鸟嘴蓝灰，头棕，颈侧白带延至头后，尾羽黑，中央尾羽细长。雌鸟头淡褐且无斑纹，下体胸、胁具棕色扇贝形斑，尾形尖。主要以植物为食，也吃无脊椎动物和甲壳动物。

栖息环境： 常集群栖于芦苇沼泽、河道及池塘、水库。

居留时间： 10 月下旬至次年 3 月在此越冬。

雁形目 鸭科 鸭属

绿翅鸭（lǜ chì yā）

英文名：Green-winged Teal

拉丁名：*Anas crecca*

体长 37 cm。雄鸟头、颈栗红，眼周具绿色带斑，肩羽具细长白条纹。雌鸟无明显特征，头色淡，具眉纹，嘴基色淡且略上翘。体形小，起飞、降落迅速，振翼极快。主要以植物为食，也吃无脊椎动物和甲壳动物。

栖息环境：成群栖于河道、池塘、芦苇沼泽。

居留时间：10 月下旬至次年 3 月在此越冬。

䴙䴘目 䴙䴘科 小䴙䴘属

小䴙䴘（xiǎo pì tī）

英文名：Little Grebe
拉丁名：*Tachybaptus ruficollis*

体长 27 cm。夏羽嘴黑而嘴基黄白，眼黄色，喉及前颈偏红，头顶及颈背深灰褐；冬羽嘴肉黄色而上嘴缘黑，眼色淡，喉白，颊、颈侧棕黄，背部褐灰。白天活动、觅食，通过潜水追捕猎物。以鱼类、软体动物、蛙等为食，偶食水生植物。

栖息环境：河流、水塘、沼泽等几乎所有水域。
居留时间：留鸟，常见。

䴙䴘目 䴙䴘科 䴙䴘属

凤头䴙䴘（fèng tóu pì tī）

英文名：Great Crested Grebe

拉丁名：*Podiceps cristatus*

体长 50 cm。嘴细长而尖，呈锥形。夏羽具黑色羽冠，眼红，眼周及颊、喉白，颈背具栗色饰羽；冬羽头顶具黑色羽冠，脸颊及前颈全白，仅眼先黑。主要以鱼为食。

栖息环境：生活在多种水域环境中。

居留时间：留鸟，常见。

潜鸟目 潜鸟科 潜鸟属

红喉潜鸟（hóng hóu qián niǎo）

英文名：Red-throated Loon
拉丁名：*Gavia stellata*

体长 68 cm。嘴长而略上翘。夏羽前颈有栗色三角形斑，冬羽上体黑褐且具白色斑点。主要以鱼为食。身体沉浮于水中，遇危险则潜隐或仅露头、颈。以鱼类、甲壳类及软体动物为食。

栖息环境：近海海域、河道、沼泽。
居留时间：迁徙期偶有记录。

潜鸟目 潜鸟科 潜鸟属

黑喉潜鸟（hēi hóu qián niǎo）

英文名：Arctic Loon
拉丁名：*Gavia arctica*

体长68 cm。夏羽喉黑，前颈具灰绿色方形块斑，胸侧具黑白色细纵纹；冬羽嘴灰，颏、颈侧及脸白色，两胁白，浮在水面时色斑块明显。以鱼类、甲壳类、软体动物为食。

栖息环境：近海海域、河道、沼泽。
居留时间：迁徙期偶有记录。

鲣鸟目 鸬鹚科 鸬鹚属

普通鸬鹚（pǔ tōng lú cí）

英文名：Great Cormorant

拉丁名：*Phalacrocorax carbo*

体长 90 cm。颊及上喉白，嘴周及下嘴基具细黑点斑，头、颈部的白羽细密呈丝状。冬羽头、颈部的白羽丝消失。潜水捕食鱼类。游泳时半个身子在水下，飞行呈“V”字形或直线。

栖息环境：栖于沿海、河道、芦苇沼泽等多种环境，近海区域数量集中。

居留时间：一年四季皆有记录，迁徙期集大群。

鲣鸟目 鸬鹚科 鸬鹚属

绿背鸬鹚（lǜ bèi lú cí）

英文名：Japanese Cormorant

拉丁名：*Phalacrocorax capillatus*

体长 90 cm。颊及上喉白，嘴周及下嘴基无细黑点斑，头、颈部的白羽毛细密呈丝状，胁具大斑，上体铜棕褐色。潜水捕食鱼类。又名斑头鸬鹚。

栖息环境： 近海的海域、池塘、入海河流。

居留时间： 罕见旅鸟，偶有记录。迁徙时与普通鸬鹚混群于沿海滩涂。

鸻形目 鸥科 三趾鸥属

三趾鸥（sān zhǐ ōu）

英文名：Black-legged Kittiwake
拉丁名：*Rissa tridactyla*

体长 41 cm。成鸟嘴黄，脚黑，翼尖全黑，头圆。冬羽颈背具黑色斑块，翼上黑块呈“M”形，尾端具黑色横带。以小鱼、甲壳类、软体动物为食。

栖息环境：海洋性鸟类，分布于近海，偶至海域附近池塘、盐池、滩涂。
居留时间：罕见旅鸟，9 月份偶有记录，其他时间仍需调查。
备注：世界易危（VU）。

棕头鸥（zōng tóu ōu）

英文名：Brown-headed Gull

拉丁名：*Chroicocephalus brunnicephalus*

体长42 cm。夏羽嘴红而粗，虹膜色浅，白色眼睑窄。飞翔时初级飞羽白，端黑而具白色点斑。冬羽头部纹少，显白洁，眼先污，眼后具深褐色块斑。以鱼、水生软体动物为食。

栖息环境：近海海域、滩涂、池塘。

居留时间：当地并非其分布区，但在近海滩涂偶有记录，可能为迷鸟。

鸻形目 鸥科 彩头鸥属

红嘴鸥（hóng zuǐ ōu）

英文名：Black-headed Gull

拉丁名：*Chroicocephalus ridibundus*

体长 42 cm。嘴红而细长，头巧克力色，白色眼睑较窄。飞翔时初级飞羽翼上末端黑、外侧白。非繁殖期嘴红或黄，嘴尖黑。冬羽眼后具黑斑。以鱼、虾、昆虫、水生植物等为食。

栖息环境：栖于近海滩涂、河流、池塘及淡水水域等多种水域生境。

居留时间：一年四季，常见。

鸻形目 鸥科 渔鸥属

渔鸥（yú ōu）

英文名：Pallas's Gull

拉丁名：*Ichthyaetus ichthyaetus*

体长 68 cm。体形巨大。夏羽嘴厚、黄色，嘴尖红，具黑色环带，头黑，上下眼睑白色。冬羽头白，眼周具暗斑，头顶有深色纵纹，嘴上红色大部分消失。以鱼为食，也吃小型动物。

栖息环境：栖于近海滩涂。分布于内陆湖泊，但当地常见个体及小种群。

居留时间：9~10 月，常见。

鸻形目 鸥科 鸥属

黑尾鸥（hēi wěi ōu）

英文名：Black-tailed Gull

拉丁名：*Larus crassirostris*

体长 47 cm。夏羽眼黄，嘴粗黄且尖红，次端黑，脚黄色。飞翔时，腰、尾白且具黑色宽次端带。冬羽头顶及颈背具褐色点斑。以鱼、软体动物为食。

栖息环境： 近海滩涂、河口、盐池等生境，不会到内陆。

居留时间： 全年有记录。

鸻形目 鸥科 鸥属

普通海鸥（pǔ tōng hǎi ōu）

英文名：Mew Gull
拉丁名：*Larus canus*

体长 45 cm。嘴细短，头部显圆，眼黑色区别于其他鸥。冬羽头及颈散见黄褐色细纹，有时嘴尖有黑色或下嘴带红斑。喜低空飞翔。以鱼、软体动物为食。

栖息环境：栖于近海滩涂、浅水池塘等，常集群。
居留时间：全年有记录。

鸻形目 鸥科 鸥属

西伯利亚银鸥（xī bó lì yà yín ōu）

英文名：Vega Gull

拉丁名：*Larus vegae*

体长 60 cm。嘴黄，尖具红点。头及颈背具深色纵纹，并及胸部。腿粉红色。飞行时，翼尖黑，外缘具白点斑。以鱼、软体动物为食。原织女银鸥亚种提升种，有多次种名变动。

栖息环境：常集群，栖于沿海滩涂或芦苇沼泽中的浅水区。

居留时间：全年有记录，但以除夏季之外的其他季节常见。

鸻形目 鸥科 鸥属

灰背鸥（huī bèi ōu）

英文名：Slaty-backed Gull

拉丁名：*Larus schistisagus*

体长 60 cm。翼深灰，腿粉红色，嘴黄，下嘴尖具红点，额部显平扁，翼上白色月牙形肩带宽。亚成鸟尾具黑色端带。肉食性，以鱼、鼠、昆虫等为食，有时食死鱼和其他动物尸体。

栖息环境：多在近海区域及附近水域。

居留时间：全年有记录，但数量不多。

鸻形目 鸥科 鸥属

黄脚银鸥（huáng jiǎo yín ōu）

英文名：Caspian Gull

拉丁名：*Larus cachinnans*

体长 60 cm。嘴形稍显楔形，头及颈背无褐色纵纹，翼灰色较淡，脚黄色至肉红色。肉食性，以鱼、鼠、动物尸体等为食。由里海鸥亚种提升为种。

栖息环境： 栖于沿海滩涂或芦苇沼泽中的浅水区。

居留时间： 全年有记录。

鸻形目 鸥科 噪鸥属

鸥嘴噪鸥（ōu zuǐ zào ōu）

英文名：Common Gull-billed Tern

拉丁名：*Gelochelidon nilotica*

体长 39 cm。嘴形粗、黑色，下嘴尖轮廓平直，脚黑。飞翔时，翼下覆羽全白。亚成鸟头全白，有黑色粗眼斑。于水面徘徊飞行，轻掠水面觅食或于泥地捕食。食物为甲壳类、鱼类及底栖生物。

栖息环境： 近海的盐池、芦苇沼泽、潮沟。

居留时间： 4~9 月，在此繁殖。

鸻形目　鸥科　巨鸥属

红嘴巨燕鸥（hóng zuǐ jù yàn ōu）

英文名：Caspian Tern

拉丁名：*Hydroprogne caspia*

体长 49 cm。嘴形长而粗红，带黑色次端，头顶黑，脚黑色。以小鱼、甲壳类等动物为食。

栖息环境：于河口、滩涂及芦苇沼泽集小群。

居留时间：7 月下旬至 11 月中旬，2 月中旬至 5 月上旬，常见。

鸻形目 鸥科 小燕鸥属

白额燕鸥（bái é yàn ōu）

英文名：Little Tern

拉丁名：*Sternula albifrons*

体长24 cm。嘴长、黄色而尖黑，头顶及颈侧黑而额白，体小，振翅频繁。以鱼、虾等水生动物为食。

栖息环境：近海滩涂、盐池及潮沟，内陆水库及池塘。

居留时间：4~10月在此繁殖。巢简陋，稍高于地面，巢底铺以贝壳或沙石、芦苇。

鸻形目 鸥科 燕鸥属

普通燕鸥（pǔ tōng yàn ōu）

英文名：Common Tern

拉丁名：*Sterna hirundo*

体长35 cm。嘴细长而尖，头顶黑，下体与体背灰，颜色对比不明显，喉、胸白色区域较大。东北亚种嘴、脚黑，体背及下体灰而喉、胸白；指名亚种嘴、脚红，嘴尖黑，体背灰而下体白。以小鱼、虾、昆虫为食。于水面低空飞行，发现食物则急速扎入水中捕食。

栖息环境： 近海滩涂、潮间带、盐池及潮沟，内陆水库、芦苇沼泽及池塘。

居留时间： 4~10月，繁殖于有碱蓬、芦苇或柽柳的生境。巢以芦苇、碱蓬筑成，高于地面。

鸻形目 鸥科 燕鸥属

灰翅浮鸥（huī chì fú ōu）

英文名：Whiskered Tern
拉丁名：*Chlidonias hybrida*

体长 25 cm。嘴红，头顶黑，下体黑并与体背的灰对比明显，脸侧白，脚红色。飞翔时翼下覆羽白。以小鱼、虾、昆虫等动物为食，或于陆地取食玉米、高粱种子等。

栖息环境：结群活动，喜淡水区域，如池塘、芦苇沼泽、河流等。
居留时间：4~10 月，繁殖于芦苇丛或池塘内。巢为浮巢，高于水面。

鸻形目 鸥科 燕鸥属

白翅浮鸥（bái chì fú ōu）

英文名：White-winged Tern

拉丁名：*Chlidonias leucoptera*

体长 23 cm。嘴红，头、颈及下体黑，体背灰，翼灰，翼上覆羽白。飞翔时，翼下覆羽与头、颈及下体黑。冬羽嘴黑，额白，眼斑、耳羽及后枕黑，具白色颈环。以小鱼、虾、昆虫等动物为食。

栖息环境：喜沿海或内陆芦苇沼泽，常集小群活动，觅食时常频繁振翅停留于低空，发现食物后垂直冲入水中捕食。

居留时间：4~10 月，繁殖于芦苇丛或池塘内。巢为浮巢，高于水面。

3 涉禽

共性

生活在浅水水域，如滩涂、沼泽、池塘、水渠等生境。以泥中的蟹、贝、蠕虫及底栖生物为食。一般嘴长、颈长、脚长，适于在浅水中涉水、觅食，有的趾间有半蹼，可在水中游泳。

种类

黄河口 90 种，包括火烈鸟 1 种、秧鸡类 9 种、鹤类 7 种、鹳类 2 种、琵鹭类 2 种、鹭类 14 种、蛎鹬和反嘴鹬 3 种、鸻类 12 种、彩鹬 1 种、水雉 1 种、鹬类 37 种、燕鸻 1 种。

备注

涉禽中，有国家一级保护鸟类 10 种，分别为白鹤、白枕鹤、丹顶鹤、白头鹤、东方白鹳、黑鹳、小青脚鹬、黑脸琵鹭、黄嘴白鹭、勺嘴鹬；国家二级保护鸟类 12 种，分别为沙丘鹤、蓑羽鹤、灰鹤、白琵鹭、花田鸡、斑胁田鸡、小杓鹬、白腰杓鹬、大杓鹬、翻石鹬、大滨鹬、阔嘴鹬。详细内容参考国家一级保护鸟类、国家二级保护鸟类章节。

分类概述

火烈鸟

共性

分布于美洲、非洲、欧亚大陆，中国多处记录野外种群。

颈特长，喙长而下弯。

飞翔时，颈伸直。

在碱水中以滤食浮游生物为生。

种类

中国 1 种，黄河口 1 种。

秧鸡类

共性

栖于沼泽、水库、池塘、河流等生境。

头小而圆，颈粗，尾短，尾常上翘。脚，尤其是趾特长。雌雄相似。许多秧鸡胁、腹具黑白相间的横斑。

以鱼类、水生昆虫、软体动物、植物根茎等为食。

受惊时，或潜水，或在水面急速逃逸。

种类

中国 20 种，黄河口 9 种。

鹤类

共性

大型涉禽，栖息于芦苇沼泽、近海滩涂等浅水湿地环境。

颈、嘴及脚长，嘴粗长而直，头部常有裸露的皮肤。

飞翔时头、颈及脚伸直。雌雄相似。

以植物根茎、草籽、昆虫、鱼类及软体动物为食。

种类

中国 9 种，黄河口 7 种。

鹳类

共性

生活于芦苇沼泽、近海滩涂等浅水湿地环境。

体形大，嘴长而粗壮，两翼宽，尾短。飞翔时颈前伸。

以鱼类、虾、青蛙、蛇及小型啮齿类动物为食。

种类

中国 7 种，黄河口 2 种。

琵鹭类

共性

分为鹮类和琵鹭类两大类。

鹮类嘴长而下弯，脚相对短，尾短。琵鹭嘴形长直，嘴尖呈勺状；飞翔时头、颈伸直。

生活于河流、沼泽、湖泊等环境。

以鱼类、两栖类动物为食。

种类

中国 6 种，黄河口 2 种。

鹭类

共性

分为鳽（jiān）类和鹭类两大类。

体形以嘴长、颈长、脚长为特征，飞翔时缩脖呈“S”形。雌雄同色，繁殖期有的鹭有饰羽。

栖于河流、沼泽、滩涂、池塘、农田等多种浅水地带；多营巢于树上及芦苇沼泽等环境。

以鱼、虾、蟹、青蛙及陆地上的蜥蜴、昆虫等为食。

种类

中国 26 种，黄河口 14 种。

蛎鹬 + 反嘴鹬

共性

对应鸻形目蛎鹬科和反嘴鹬科鸟类，体形中等，嘴形奇特。

蛎鹬科鸟类嘴长、直且粗厚，具鲜艳色彩；体形肥胖；脚粗短。反嘴鹬科鸟类嘴细长而尖，或形直（黑翅长脚鹬）或上翘（反嘴鹬）；脚细长，飞翔时伸出尾外。

种类

中国 3 种，黄河口 3 种。

鸻类

共性

生活于沿海滩涂、沼泽、池塘等浅水湿地，以泥中软体动物及底栖生物为食。

体形中、小，头和眼较大，颈粗短；嘴黑色、较短粗，一般不及头长。雌雄相似，但有夏羽、冬羽体色变化。

喜群居。

种类

中国 20 种，黄河口 12 种。

彩鹬

共性

嘴长而略下弯，头及肩具醒目粗条纹，体色艳丽。

白天隐藏，黄昏和夜间活动。

种类

中国 1 种，黄河口 1 种。

鹬类

共性

种群较多，体形差异大，可进一步细分为沙锥类、塍鹬类 + 半蹼鹬类、杓鹬类、滨鹬类等。

有“三长”，嘴长、颈长、脚长。

栖于近海滩涂、河滩、盐池、池塘等浅水环境。

与鸻类常生活在同一环境且常混群，但鸻类头圆大、眼大、嘴短，常单独或集小群活动，而鹬类头小、嘴长特征明显，常成群活动。

以蠕虫、虾、蟹、贝等无脊椎动物、软体动物、底栖生物为食。

种类

中国 51 种，黄河口 37 种 。

鹬类 > 沙锥类

共性

体形矮胖，嘴形长直呈锥形，嘴多呈黄色，嘴尖黑。

因体色与周围环境相似而难以被发现，在人走近或受惊扰时会突然起飞。

栖于近水的草丛、芦苇。

种类

中国 8 种，黄河口 6 种。

鹬类 > 塍鹬类 + 半蹼鹬类

共性

体形大，嘴形长，喜近海滩涂，尤其是泥质滩涂。

取食时嘴深深插入泥中，取食贝类、沙蚕等底栖生物。

种类

塍鹬类中国 2 种，黄河口 2 种；半蹼鹬类中国 2 种，黄河口 1 种。

鹬类 > 杓鹬类

共性

体形大，嘴形长而下弯，喜近海滩涂，尤其是泥质滩涂。

取食时嘴深深插入泥中，取食贝类、沙蚕等底栖生物。

小杓鹬不同于其他涉禽，它栖于草丛、农田，取食昆虫。

种类

中国 4 种，黄河口 4 种。

鹬类 > 滨鹬类

共性

体形小、中型，喜近海滩涂、泥滩地。

嘴稍长，或细或直或弯，便于觅食。

主要以无脊椎动物、蠕虫、甲壳类为食。

种类

中国 20 种，黄河口 12 种。

燕鸻

共性

非常像家燕的涉禽。嘴短而宽，尖端稍弯。翼长，折翼时超过尾长，尾叉形。

善飞翔，可在飞行中捕食昆虫，也可于地面捕捉食物。飞行时白腰明显。

种类

中国 4 种，黄河口 1 种。

鹤形目 秧鸡科 秧鸡属

普通秧鸡（pǔ tōng yāng jī）

英文名：Eastern Water Rail

拉丁名：*Rallus indicus*

体长 29 cm。嘴长略下弯，上嘴暗、下嘴红。上体橄榄褐，具黑色羽轴。下体脸及胸灰，腹具黑色横纹。以昆虫、小鱼、甲壳类、软体动物等为食。

栖息环境：喜茂密有水的芦苇丛，性羞怯，常单独活动。

居留时间：留鸟，一年四季。

鹤形目 秧鸡科 小田鸡属

红胸田鸡（hóng xiōng tián jī）

英文名：Ruddy-breasted Crake

拉丁名：*Porzana fusca*

体长 20 cm。嘴短、黑褐色，后顶及上体纯褐色，下体头侧、胸及上腹深棕红，颏白，下腹黑且具白细横纹，脚红色。以水生昆虫、软体动物和水生植物的叶、芽、种子为食。

栖息环境：栖于芦苇地、稻田。

居留时间：4~8 月。不常见，常单独活动，性羞怯而难见到，部分具夜行性，晨昏发出叫声。

鹤形目 秧鸡科 小田鸡属

小田鸡（xiǎo tián jī）

英文名：Baillon's Crake

拉丁名：*Porzana pusilla*

体长 18 cm。上体具白色纵纹而非细散的白斑，下体脸及胸较灰，两胁多横斑，具褐耳羽。以水生昆虫、软体动物和水生植物的叶、芽、种子为食。

栖息环境： 喜有芦苇、香蒲及多草的水边。

居留时间： 4~8 月。常单独活动，快速而轻巧地穿行于芦苇中，极少飞行。

鹤形目 秧鸡科 苦恶鸟属

白胸苦恶鸟（bái xiōng kǔ è niǎo）

英文名：White-breasted Waterhen

拉丁名：*Amaurornis phoenicurus*

体长 18 cm。嘴黄绿，上嘴基具红斑，头顶及上体灰色，下体脸、胸及上腹部白色，下腹及尾下棕色。叫声为“苦恶、苦恶”。杂食性，以昆虫、植物为食。

栖息环境： 喜有荷叶的池塘、草丛，有时到近水的树丛下。

居留时间： 8~10 月，不明原因出现，通常单个活动。

鹤形目 秧鸡科 董鸡属

董鸡（dǒng jī）

英文名：Watercock

拉丁名：*Gallicrex cinerea*

体长 40 cm。雄鸟嘴黄，额甲红且呈冠状，体色黑，腹下略白且具横斑。雌鸟上体黑褐，具红褐羽缘；下体黄褐，具不明显细横纹。藏身于芦苇沼泽地，夜行性，白天有时见其飞翔。以昆虫为食。

栖息环境：芦苇沼泽、近水草丛，常单独活动，性羞怯。其鸣声为低沉单调的“董、董”声。

居留时间：4~9 月，在此繁殖。

鹤形目 秧鸡科 水鸡属

黑水鸡（hēi shuǐ jī）

英文名：Common Moorhen

拉丁名：*Gallinula chloropus*

体长31 cm。嘴黄，嘴基及额甲红，全体青黑，胁部具白纹，尾下具白斑，尾常神经质地抽动。不善飞，遇危险时常跑入草丛或游到远处。杂食性，以昆虫及植物为食。

栖息环境： 喜有芦苇或水草的水边。

居留时间： 留鸟，一年四季常见。

鹤形目　秧鸡科　骨顶属

白骨顶（bái gǔ dǐng）

英文名：Common Coot

拉丁名：*Fulica atra*

体长 40 cm。嘴及额甲白而体深黑灰色，脚绿色，趾具半蹼。杂食性，以昆虫及植物为食。

栖息环境： 芦苇沼泽、水塘、河流等多种湿地环境。

居留时间： 留鸟，一年四季常见。

鹈形目 鹭科 麻鳽属

大麻鳽（dà má jiān）

英文名：Eurasian Bittern

拉丁名：*Botaurus stellaris*

体长 75 cm。嘴较短，顶冠黑，喉白且具黑色颊纹，前颈具纵纹，体背具黑色纵纹。性隐蔽，单独活动，被惊扰时凝神不动，嘴垂直上指，有时会低飞略过芦苇。以鱼、蛙、鼠等动物为食。

栖息环境：芦苇沼泽、水塘、河流等有芦苇分布的多种湿地环境。

居留时间：留鸟，一年四季常见。

鹈形目 鹭科 苇鳽属

黄斑苇鳽（huáng bān wěi jiān）

英文名：Yellow Bittern

拉丁名：*Ixobrychus sinensis*

体长 32 cm。雄鸟顶冠黑色，上体淡黄褐色，下体皮黄。飞翔时飞羽黑与覆羽皮黄对比明显。雌鸟颈及胸具五条褐色纵纹。亚成鸟全身满布纵纹。以鱼、虾、蛙等动物为食。

栖息环境：喜芦苇、稻田、池塘等生境。

居留时间：4~8 月，于当地繁殖。

鹈形目 鹭科 苇鳽属

紫背苇鳽（zǐ bèi wěi jiān）

英文名：Schrenck's Bittern

拉丁名：*Ixobrychus eurhythmus*

体长 33 cm。雄鸟头顶黑色，上体紫栗色，下体具皮黄色纵纹，喉及胸有深色纵纹中线。雌鸟上体紫栗色并具多处白点斑，下体喉及胸除深色纵纹中线外另具纵纹。以鱼、虾、蛙等动物为食。

栖息环境：喜芦苇、稻田、池塘等生境。

居留时间：4~8 月，于当地繁殖。

鹈形目 鹭科 苇鳽属

栗苇鳽（lì wěi jiān）

英文名：Cinnamon Bittern

拉丁名：*Ixobrychus cinnamomeus*

体长 41 cm。雄鸟上体及翼栗色，下体黄褐色，喉中央具黄黑相间的纵纹。雌鸟具白色点斑，下体纵纹较多。性羞怯、孤僻，夜晚较活跃。受惊时一跳而起，缓慢低飞。以鱼、虾、蛙等动物为食。

栖息环境： 喜芦苇、稻田、池塘、草地等生境。

居留时间： 4~8 月，于当地繁殖。

鹈形目 鹭科 夜鹭属

夜鹭（yè lù）

英文名：Black-crowned Night Heron

拉丁名：*Nycticorax nycticorax*

体长 61 cm。成鸟嘴粗黑，具白眉，顶冠黑，枕后具白细长饰羽；体背黑，翼灰，颈及下体白。亚成鸟上体具点斑，下体淡黄且具褐色纵纹。以鱼、虾、蛙等动物为食。

栖息环境： 喜芦苇、稻田、池塘、河流等湿地生境。

居留时间： 留鸟，一年四季常见。3~8 月繁殖于树上。

鹈形目 鹭科 绿鹭属

绿鹭（lǜ lù）

英文名：Green-backed Heron

拉丁名：*Butorides striata*

体长 43 cm。成鸟头顶及冠羽黑绿，耳羽具白斑，眼下具黑纹，翼绿且具白羽缘。亚成鸟体色暗绿，脸及下体具绿、白相间的纵纹，体背无纵纹，翼具白羽缘。以鱼、虾、蛙等动物为食。

栖息环境：栖于池塘、溪流、稻田及近海海边。

居留时间：3~8 月可见，但不普遍。

鹈形目　鹭科　池鹭属

池鹭（chí lù）

英文名：Chinese Pond Heron
拉丁名：*Ardeola bacchus*

体长 47 cm。夏羽嘴黄而尖黑，头及颈深栗色，胸绛紫色，体背黑灰，翅白。冬羽头、颈、胸部的颜色褪去，换为黄褐与白色相杂的纵纹，体背黑灰变为绛紫色。以鱼、虾、蛙等动物为食。

栖息环境：池塘、溪流、稻田。
居留时间：3~8 月繁殖于树上。单独或成分散小群进食，夜晚飞回栖处。

鹈形目 鹭科 牛背鹭属

牛背鹭 (niú bèi lù)

英文名：Cattle Egret

拉丁名：*Bubulcus coromandus*

体长 95 cm。夏羽嘴全黄，全身白，头、颈、胸沾橙黄，背上饰羽橙黄。冬羽时，夏羽的橙黄色褪去，全身白，嘴全黄。以鱼、虾、蛙等动物为食。

栖息环境：喜稻田或近水地带，觅食于稻田，夜晚飞回栖处。

居留时间：4~7 月繁殖于树上。单独或成分散小群进食，夜晚飞回栖处。

鹈形目 鹭科 鹭属

苍鹭（cāng lù）

英文名：Grey Heron

拉丁名：*Ardea cinerea*

体长 92 cm。体色灰白，前颈白且具黑色纵纹，具黑色过眼纹及冠羽。冬羽额及头顶淡灰，冠羽、饰羽脱落。可长时间静立于水中，发现食物后快速捕食。以鱼、虾等动物为食。俗称“老等”。

栖息环境：分布于浅水沼泽、池塘、河流、近海滩涂等多种生境。

居留时间：留鸟，繁殖于芦苇丛，冬季有时成大群。

鹈形目 鹭科 鹭属

草鹭（cǎo lù）

英文名：Purple Heron

拉丁名：*Ardea purpurea*

体长 92 cm。体色栗红，顶冠及冠羽黑，颈栗棕且具黑色纵纹，背及覆羽灰色，飞羽黑，其余体羽红褐色，飞行时振翅显缓慢而沉重。以鱼、虾、蛙等动物为食。

栖息环境：喜稻田、芦苇地、湖泊及溪流。

居留时间：3~11 月，营巢、繁殖于芦苇丛中。

鹈形目 鹭科 鹭属

大白鹭（dà bái lù）

英文名：Great Egret

拉丁名：*Ardea alba*

体长 95 cm。夏羽嘴黑，眼先蓝绿，颈及肩部具细长蓑羽，嘴裂长延至眼后。冬羽嘴黄，眼先黄，蓑羽脱落。站姿甚高直，刺戳猎物。飞行优雅，振翅缓慢有力。以鱼、虾、蛙等动物为食。

栖息环境： 喜稻田、芦苇地、河流及近海滩涂、潮沟、池塘等。

居留时间： 留鸟，一年四季常见。

鹈形目 鹭科 鹭属

中白鹭（zhōng bái lù）

英文名：Intermediate Egret
拉丁名：*Ardea intermedia*

体长 69 cm。夏羽嘴黄，上嘴及嘴尖黑，脚黑，背及胸部有松软的长丝状羽。冬羽嘴黄而端黑，脚黄，丝状羽消失。以鱼、虾、蛙等动物为食。

栖息环境： 喜稻田、芦苇地、池塘及近海滩涂、潮沟等。
居留时间： 3~11 月，但未见繁殖。

鹈形目 鹭科 白鹭属

白鹭（bái lù）

英文名：Little Egret

拉丁名：*Egretta garzetta*

体长 60 cm。全身白色，嘴黑色，腿黑色，趾黄色。繁殖期枕后具细长饰羽，背及胸具蓑状羽。以鱼、虾、蛙等动物为食。

栖息环境： 稻田、河岸、沙滩、泥滩及沿海小溪流等多种浅水生境。

居留时间： 留鸟，3~8 月繁殖于树上。

鸻形目 蛎鹬科 蛎鹬属

蛎鹬（lì yù）

英文名：Eurasian Oystercatcher
拉丁名：*Haematopus ostralegus*

体长 44 cm。嘴红、长而直，眼红，头、颈及上体黑，下体白，脚红色。飞翔时，下背及腰白，翼具白斑。以近海中的软体动物为食。

栖息环境：成对或小群活动于沿海滩涂、潮沟。

居留时间：2 月下旬至 11 月，筑巢、繁殖于地面稍高处，巢穴简易。

鸻形目 反嘴鹬科 反嘴鹬属

反嘴鹬（fǎn zuǐ yù）

英文名：Pied Avocet

拉丁名：*Recurvirostra avosetta*

体长 43 cm。嘴细长而上翘，头顶及颈背黑色，体色白，翼白、具黑色翼上横纹及肩部条纹，脚长、青灰色。进食时嘴往两边扫动，能在水中倒立。以甲壳类、水生昆虫、蠕虫等动物为食。

栖息环境：沿海浅水、滩涂、盐池及内陆淡水的池塘、芦苇沼泽。

居留时间：2 月下旬至 11 月，筑巢、繁殖于地面稍高处，巢穴简易。

鸻形目 反嘴鹬科 长脚鹬属

黑翅长脚鹬（hēi chì zhǎng jiǎo yù）

英文名：Black-winged Stilt

拉丁名：*Himantopus himantopus*

体长 37 cm。雌鸟嘴黑色、细长，眼周、颈背及翼黑色，脚红色、细长。飞翔时，脚伸出尾外。雄鸟颈背白色。以软体动物、虾、昆虫等为食。因脚红而细长，俗称“红脚娘子”。

栖息环境：沿海浅水、滩涂、盐池及内陆淡水的池塘、芦苇沼泽。

居留时间：2 月下旬至 11 月，筑巢、繁殖于地面稍高处，巢穴简易。

鸻形目 鸻科 麦鸡属

凤头麦鸡（fèng tóu mài jī）

英文名：Northern Lapwing
拉丁名：*Vanellus vanellus*

体长 30 cm。雄鸟黑色冠羽长，喉及前颈黑，具黑胸带，腹白，脚暗红。雌鸟喉及前颈白，无黑带，黑色冠羽较短。以昆虫、虾、蜗牛等小型动物及杂草种子、植物嫩叶为食。

栖息环境：常集群于耕地、稻田、矮草地、浅水池塘等多种生境。
居留时间：2~11 月，筑巢、繁殖于地面稍高处，巢穴简易。
备注：世界近危（NT）。

鸻形目 鸻科 麦鸡属

灰头麦鸡（huī tóu mài jī）

英文名：Grey-headed Lapwing

拉丁名：*Vanellus cinereus*

体长 35 cm。嘴黄而尖黑，头、胸灰，胸下具黑缘，脚长且黄。以蚯蚓、昆虫、螺类等为食。

栖息环境：栖于近水开阔地带、河滩、稻田及沼泽。

居留时间：3~9 月，未发现繁殖巢。常单独或成对活动。

鸻形目 鸻科 金鸻属

金鸻（jīn héng）

英文名：Pacific Golden Plover

拉丁名：*Pluvialis fulva*

体长25 cm。上体金黄色，具黑色羽斑，下体黑，上、下体间具醒目白带，腿灰色。冬羽眉纹黄或白；上体灰褐，具黄羽缘；下体灰白，具黄褐斑。以昆虫、蠕虫、软体动物为食。

栖息环境： 栖于沿海滩涂、沙滩、池塘及内陆开阔草地、农田。

居留时间： 4~9 月。常单独或成对活动。

鸻形目 鸻科 金鸻属

灰鸻（huī héng）

英文名：Grey Plover

拉丁名：*Pluvialis squatarola*

体长 28 cm。上体灰褐且具白色羽缘，脸侧至上腹黑，下腹白，上、下体间具白带但仅至胸。飞翔时，翼下具黑色腋羽。以昆虫、蠕虫、软体动物为食。

栖息环境： 喜潮间带滩涂，沿潮汐觅食。

居留时间： 3~11 月。常集群活动。

鸻形目 鸻科 鸻属

长嘴剑鸻（cháng zuǐ jiàn héng）

英文名：Long-billed Plover

拉丁名：*Charadrius placidus*

体长 22 cm。嘴黑且细长，额白，额顶及贯眼纹黑，眼后眉白，具白颈环与黑胸环，脚黄。冬羽胸环由黑变褐，额顶黑色较淡。以昆虫、蠕虫、软体动物及植物为食。

栖息环境：栖于沿海滩涂、潮沟，尤喜沙质滩涂。

居留时间：3~11 月。常单独或成小群活动。

鸻形目　鸻科　鸻属

金眶鸻（jīn kuàng héng）

英文名：Little Ringed Plover

拉丁名：*Charadrius dubius*

体长 16 cm。嘴短黑，眼圈黄，额白，额顶及贯眼纹黑，具白颈环与黑胸环，脚黄。冬羽胸环由黑变褐且不闭合，头部黑斑消失，具白眉纹。以昆虫、蠕虫、软体动物及植物为食。

栖息环境：栖于内陆池塘、农田、河滩及沿海滩涂、潮沟。

居留时间：3~11 月。常单独或成小群活动。

鸻形目 鸻科 鸻属

环颈鸻（huán jǐng héng）

英文名：Kentish Plover

拉丁名：*Charadrius alexandrinus*

体长 15 cm。嘴短黑，脚黑，眉与白额相连，额顶黑，枕红褐，胸具不闭合的半胸环。冬羽头顶的黑及红褐消失，变为褐色，具白眉。以昆虫、蠕虫、甲壳类和软体动物为食。

栖息环境：栖于沿海滩涂、潮沟、盐池及池塘、河滩。

居留时间：2~11 月。繁殖于潮间带高处，巢极简陋，辅以沙石或贝壳。

鸻形目 鸻科 鸻属

蒙古沙鸻（méng gǔ shā héng）

英文名：Lesser Sand Plover

拉丁名：*Charadrius mongolus*

体长 20 cm。嘴短黑，脚青绿色，胸红色并延到肋部，胸上缘具黑边。冬羽胸部的红色及头部的黑色消失，具白眉，胸侧具半胸环。以昆虫、软体动物为食。

栖息环境：喜潮间带、潮沟及滩涂。

居留时间：3~11 月。数量不多，很少成大群。

鸻形目 鸻科 鸻属

铁嘴沙鸻（tiě zuǐ shā héng）

英文名：Greater Sand Plover

拉丁名：*Charadrius leschenaultii*

体长 23 cm。嘴稍长，黑色；脚黄色；胸红色，胸上缘无黑边。冬羽具白眉，胸部的红色消失，上体色较褐，下体色纯白，胸侧具半胸环。以昆虫、甲壳类、软体动物为食。

栖息环境： 喜潮间带、潮沟及滩涂。

居留时间： 3~11 月。数量不多，很少成大群。

鸻形目 鸻科 鸻属

东方鸻（dōng fāng héng）

英文名：Oriental Plover

拉丁名：*Charadrius veredus*

体长 24 cm。头顶褐，脸侧白，胸红色且下具黑边，脚黄色。飞翔时，翼下黑褐，脚伸出尾外较长。冬羽胸部的红色及下缘的黑色消失。主要以昆虫和昆虫幼虫为食。

栖息环境：喜潮间带、潮沟及滩涂、排水后的养殖池。

居留时间：4~10 月。不多见。

鸻形目 彩鹬科 彩鹬属

彩鹬（cǎi yù）

英文名：Greater Painted Snipe

拉丁名：*Rostratula benghalensis*

体长 25 cm。体色艳丽，黄嘴下弯。雄鸟眼圈白并后延，头、颈红褐，胸黑。雌鸟眼圈为黄色，头、颈淡红褐，上体多皮黄色，翼具黄色点斑。以各种小型无脊椎动物和植物为食。

栖息环境：栖于近水的草丛、沼泽及稻田。夜晚和黄昏活动，白天隐藏于草丛。

居留时间：4~10 月。不多见。

鸻形目 鹬科 杓鹬属

中杓鹬（zhōng sháo yù）

英文名：Whimbrel

拉丁名：*Numenius phaeopus*

体长 43 cm。嘴长而下弯，具贯眼纹、白眉纹及褐侧冠纹。颈、胸具纵纹，胁具横纹，腹白。飞翔时翼下满布细纹，下背及腰白，尾具细密横纹。以昆虫、甲壳类和软体动物为食。

栖息环境：栖于潮间带河口、河岸及沿海滩涂。

居留时间：3~11 月。常单独活动或结小群。

鸻形目　鹬科　塍鹬属

斑尾塍鹬（bān wěi chéng yù）

英文名：Bar-tailed Godwit

拉丁名：*Limosa lapponica*

体长 40 cm。嘴上翘，胸、胁及腹红。飞翔时尾端具黑色横斑，翅翼斑狭窄。以昆虫、软体动物为食。

栖息环境： 栖于潮间带河口、河岸及沿海滩涂。

居留时间： 3~11 月。常单独活动或结小群。

备注： 世界近危（NT）。

鸻形目 鹬科 塍鹬属

黑尾塍鹬（hēi wěi chéng yù）

英文名：Black-tailed Godwit

拉丁名：*Limosa limosa*

体长 42 cm。嘴形直，胸、胁白且具横纹，腹白。飞翔时尾端黑，翅具宽翼斑。以昆虫、软体动物为食。

栖息环境： 栖于潮间带河口、河岸及沿海滩涂。

居留时间： 3~11 月。常单独活动或结小群。

备注： 世界近危（NT）。

鸻形目 鹬科 滨鹬属

红腹滨鹬（hóng fù bīn yù）

英文名：Red Knot

拉丁名：*Calidris canutus*

体长 24 cm。嘴黑短厚，头顶有细纹，头部红，上体红褐杂有黑斑，胸红，下腹白，脚黄绿。飞翔时，腰具褐横纹。冬羽红色消失，体羽灰褐。以昆虫、软体动物、植物嫩芽和种子为食。

栖息环境：喜潮间滩涂，有时到潮沟及河滩，河口附近常结大群。

居留时间：3~11 月。常结大群。

备注：世界近危（NT）。

鸻形目 鹬科 滨鹬属

流苏鹬（liú sū yù）

英文名：Ruff

拉丁名：*Calidris pugnax*

体长 28 cm（雄）、23 cm（雌）。头小、颈长、脚长，显体形特殊。雄鸟夏羽头具耳簇饰羽，颈具流苏状饰羽，并具白、红、黑多种变化。冬羽无饰羽，体色灰褐。雌鸟嘴青灰略下弯，眼圈白，有黑色贯眼纹。上体黑褐具黄褐羽缘。以软体动物、甲壳类、蠕虫、昆虫和水生植物为食。

栖息环境：喜沿海滩涂及浅水沼泽，与其他涉禽混群。

居留时间：4~10 月。仅见少量个体。

备注：世界近危（NT）。

鸻形目 鹬科 滨鹬属

尖尾滨鹬（jiān wěi bīn yù）

英文名：Sharp-tailed Sandpiper

拉丁名：*Calidris acuminata*

体长 19 cm。眉白，头顶红棕，胁具“V”形纵纹，脚黄色。以蚊、昆虫、软体动物等为食。

栖息环境： 栖于沿海滩涂、潮沟、盐池及稻田、浅水池塘。

居留时间： 4~10 月。常与其他涉禽混群。

备注： 世界易危（VU）。

鸻形目　鹬科　滨鹬属

弯嘴滨鹬（wān zuǐ bīn yù）

英文名：Curlew Sandpiper
拉丁名：*Calidris ferruginea*

体长 21 cm。嘴形平滑而下弯，弧度大。夏羽下体栗红，颏白，腹及臀具白色横斑。飞翔时腰白。冬羽栗红色消失，具白眉。以甲壳类、软体动物、蠕虫和水生昆虫为食。

栖息环境：栖于沿海滩涂、潮沟、盐池及稻田、浅水池塘。

居留时间：4~10 月。常与其他涉禽混群。

备注：世界近危（NT）。

鸻形目 鹬科 滨鹬属

青脚滨鹬（qīng jiǎo bīn yù）

英文名：Temminck's Stint

拉丁名：*Calidris temminckii*

体长 14 cm。脚黄色，体色较黄褐，胸色较整齐，肋无纵纹。站姿较平，飞行快速，紧密成群作盘旋飞行。以软体动物、蠕虫等为食。

栖息环境：喜沿海滩涂、潮沟、河滩、沼泽及稻田或淡水浅水区域。

居留时间：4~10 月。常与其他涉禽混群。

备注：世界近危（NT）。

鸻形目　鹬科　滨鹬属

长趾滨鹬（cháng zhǐ bīn yù）

英文名：Long-toed Stint

拉丁名：*Calidris subminuta*

体长 14 cm。似小型的尖尾滨鹬，但胸、肋的纵纹较细长，不是“V”形。脚黄，颈长，站姿直，眉纹明显。不似其他涉禽羞怯，有人迫近时常最后一个飞走。以底栖生物、软体动物等为食。

栖息环境：喜沿海滩涂、小池塘、稻田及其他泥泞地带。

居留时间：3~11 月。单独或结群活动，常与其他涉禽混群。

鸻形目 鹬科 滨鹬属

红颈滨鹬（hóng jǐng bīn yù）

英文名：Red-necked Stint
拉丁名：*Calidris ruficollis*

体长 15 cm。脚深色，下体仅颈红而胸白。冬羽颈红消失。以底栖生物、软体动物等为食。

栖息环境：喜沿沿海滩涂、潮沟、河滩边跑边觅食，行动敏捷。
居留时间：3~11 月。单独或结群活动，常与其他涉禽混群。
备注：世界近危（NT）。

鸻形目 鹬科 滨鹬属

三趾滨鹬（sān zhǐ bīn yù）

英文名：Sanderling

拉丁名：*Calidris alba*

体长20 cm。脚深色，嘴黑且粗短。冬羽上体灰白色明显，且翼角具黑斑。夏羽头、颈红褐，具细纵纹。以底栖生物、软体动物及植物为食。

栖息环境： 喜沿沿海滩涂、潮沟、河滩边跑边觅食，常随落潮在水边奔跑，同时拣食海潮冲刷出来的小食物。

居留时间： 3~11月。有时独行，但多喜群栖。

鸻形目 鹬科 滨鹬属

黑腹滨鹬（hēi fù bīn yù）

英文名：Dunlin

拉丁名：*Calidris alpina*

体长 19 cm。嘴黑，嘴端下弯。夏羽上体赤褐，具黑羽轴；下体胸具细纵纹，腹具黑大块斑。冬羽上体淡灰褐，腹部黑块斑消失；下体白。以甲壳类、软体动物、蠕虫等小型动物为食。

栖息环境：沿海滩涂、河流及泥滩、池塘、沼泽。

居留时间：3~11 月。成大群，常与其他涉禽混群。

鸻形目 鹬科 半蹼鹬属

半蹼鹬（bàn pǔ yù）

英文名：Asian Dowitcher

拉丁名：*Limnodromus semipalmatus*

体长 35 cm。嘴形直而全黑，脚青灰色。夏羽头、颈及胸赤褐色，腹白。冬羽赤褐变为淡褐，并具细纵纹。以甲壳类、软体动物、蠕虫等小型动物为食。

栖息环境：沿海滩涂、河流及泥滩。进食时径直朝前行走，每走一步把嘴扎入泥土找食，动作机械如电动玩具。

居留时间：3~11 月。成小群。

备注：世界近危（NT）。

丘鹬（qiū yù）

英文名：Eurasian Woodcock
拉丁名：*Scolopax rusticola*

体长 35 cm。头顶至后颈具 4 条褐、灰相间的横纹，下体满布细横纹，脚短，体显肥胖。以昆虫、蚯蚓、蜗牛等小型无脊椎动物为食。

栖息环境：阔叶林、混交林及林间沼泽、湿草地、林缘灌丛。白天视力不佳，飞翔时有被障碍物碰晕救护记录。

居留时间：3~10 月，迁徙期可见。白天隐蔽，人走近时惊飞，于不远处落下。夜晚飞至开阔地进食。

鸻形目 鹬科 沙锥属

孤沙锥（gū shā zhuī）

英文名：Solitary Snipe
拉丁名：*Gallinago solitaria*

体长 29 cm。眉及眼下斑白显脸部白，上体黄褐并具白纵纹，肩羽具密小黑纹，下体具细密横纹，胸显红褐。以蠕虫、昆虫、甲壳类动物、植物为食。

栖息环境： 湿地、芦苇沼泽边缘、林间沼泽地。

居留时间： 3~10 月。常单独活动，性孤僻。栖于近水沼泽。人走近时惊飞。

鸻形目　鹬科　沙锥属

针尾沙锥（zhēn wěi shā zhuī）

英文名：Pintail Snipe

拉丁名：*Gallinago stenura*

体长 24 cm。与其他嘴形长的沙锥区别在于嘴相对短、胁部的横纹不是“V”形，肩部黑并具白纵纹。飞翔时翼下白但具黑纵纹，无白色后缘。以昆虫、环节动物和甲壳动物为食。

栖息环境：栖于池塘、稻田及周围有草丛、芦苇丛的浅水中。

居留时间：3~9 月。常单独或结小群活动。

鸻形目 鹬科 沙锥属

大沙锥（dà shā zhuī）

英文名：Swinhoe's Snipe

拉丁名：*Gallinago megala*

体长 28 cm。与扇尾沙锥难区别，但头形相对大而方，胁部的“V”形横纹较显著，飞行时尾长于脚，翼下缺少白色宽横纹，无白色后缘。以蠕虫、昆虫、软体动物和甲壳类为食。

栖息环境： 栖居于沼泽、湿润草地、稻田、芦苇丛的浅水中。

居留时间： 3~9 月。常单独或结小群活动。

鸻形目 鹬科 沙锥属

扇尾沙锥（shàn wěi shā zhuī）

英文名：Common Snipe
拉丁名：*Gallinago gallinago*

体长 26 cm。有明显黄肩带，翼羽缘黄，胁部的“V”形横纹较显著。飞翔时翼下白，具白色后缘。空中炫耀时向上攀升并俯冲，外侧尾羽伸出，颤动有声。以蠕虫、昆虫、软体动物为食。

栖息环境：栖于池塘、稻田及周围有草丛、芦苇丛的浅水中。

居留时间：3~9 月。常单独或结小群活动，惊飞时边作“锯齿形”飞行，边发出警叫声。

鸻形目 鹬科 姬鹬属

姬鹬（jī yù）

英文名：Jack Snipe

拉丁名：*Lymnocryptes minimus*

体长 18 cm。在沙锥类中体形甚小，嘴形粗直而短，头部眉纹与侧冠纹相连，上体具黄棕粗纵纹。单独在夜间及黄昏活动，白天隐藏于草丛中，极少飞行。以蠕虫、昆虫、软体动物为食。

栖息环境：栖于近水的沼泽、稻田、池塘。

居留时间：资料记载有，但因其习性野外少见。

鸻形目 鹬科 瓣蹼鹬属

红颈瓣蹼鹬（hóng jǐng bàn pǔ yù）

英文名：Red-necked Phalarope

拉丁名：*Phalaropus lobatus*

体长 21 cm。嘴尖且细、黑色，具白眉及黑色贯眼纹。夏羽上体具红褐纵纹，冬羽体色灰白。甚不惧人，易于接近，当群鸟惊飞时仍见其在原处。以浮游生物为食。

栖息环境：栖于近海滩涂、排水后的养殖池及内陆池塘、沼泽。

居留时间：7~9 月可见。

鸻形目 鹬科 翘嘴鹬属

翘嘴鹬（qiào zuǐ yù）

英文名：Terek Sandpiper

拉丁名：*Xenus cinereus*

体长 23 cm。嘴长且上翘，嘴尖黑、基部黄，肩部具黑色条带，脚短黄，体形显矮。冬羽肩部黑色条带及颈、胸侧的纵纹不清晰或消失。以蠕虫、昆虫、软体动物为食。

栖息环境： 喜沿海泥滩、潮沟、浅水池塘、芦苇沼泽。

居留时间： 3~10 月，通常单独活动。

鸻形目 鹬科 矶鹬属

矶鹬（jī yù）

英文名：Common Sandpiper
拉丁名：*Actitis hypoleucos*

体长 20 cm。翼角前具特征性白斑块，上体具松皮样斑纹，脚短、橄榄绿色。飞翔时，翼具白色翼带，翼下具白色横纹，腰无白色。行走时头不停地点动，停歇时尾上下摆动。以昆虫、蠕虫、鱼等为食。

栖息环境：栖于稻田、河流两岸及池塘。
居留时间：3~10 月，通常单独活动。

鸻形目　鹬科　鹬属

白腰草鹬（bái yāo cǎo yù）

英文名：Green Sandpiper

拉丁名：*Tringa ochropus*

体长 23 cm。眉短，仅在眼前部；体背黑褐，白斑极细且在羽缘；腿暗绿且短，显体矮。飞翔时翼下黑褐并具白细纹。以昆虫、蠕虫、鱼等为食。

栖息环境： 喜小水塘及池塘、沼泽地及沟壑。

居留时间： 全年，通常单独活动。受惊时起飞，似沙锥而呈锯齿形飞行。

鸻形目 鹬科 鹬属

灰尾漂鹬（huī wěi piāo yù）

英文名：Grey-tailed Tattler
拉丁名：*Tringa brevipes*

体长 25 cm。嘴具双色，嘴尖灰青，基黄褐。夏羽上体显灰褐，胸、胁具横纹，下体腹中央白。冬羽眉纹明显，胸、胁无横纹。以昆虫、甲壳类和软体动物为食。

栖息环境：喜于浅水处和潮间带觅食，常单独或成松散的小群觅食。
居留时间：4~9 月。

鸻形目 鹬科 鹬属

鹤鹬（hè yù）

英文名：Spotted Redshank

拉丁名：*Tringa erythropus*

体长 30 cm。嘴形细长且下嘴基红；脚红，飞翔时伸出尾外较长。夏羽体羽黑；冬羽具粗白眉，下体白。以水生昆虫、软体动物、鱼、虾等为食。

栖息环境：单独或小群栖于近海滩涂、潮沟、池塘、河流两岸及浅水沼泽。

居留时间：3~11 月常见。

鸻形目 鹬科 鹬属

青脚鹬（qīng jiǎo yù）

英文名：Common Greenshank
拉丁名：*Tringa nebularia*

体长 32 cm。嘴青绿色，上翘；脚青黄，飞翔时脚伸出尾外较长。夏羽颈、胸纵纹较细，冬羽前颈纵纹消失。嘴在水里左右甩动寻找食物，惊飞时连续鸣叫三声。以水生昆虫、软体动物、鱼、虾等为食。

栖息环境：喜河道、池塘的泥滩及沿海潮沟。
居留时间：3~11 月常见。

鸻形目 鹬科 鹬属

红脚鹬（hóng jiǎo yù）

英文名：Common Redshank

拉丁名：*Tringa totanus*

体长 28 cm。眉纹较模糊且只在眼前；嘴端黑而嘴基红，呈两色；脚红黄，飞翔时脚伸出尾外。夏羽上体灰褐，具细密黑色羽轴斑。冬羽上体羽轴斑不明显，具白色点斑。以鱼、虾、水生昆虫等为食。

栖息环境：栖于近海滩涂、潮沟、池塘、河流两岸及浅水沼泽。惊飞时，发出连续的 3~4 声鸣叫。

居留时间：3~11 月，常单独或结小群。

鸻形目 鹬科 鹬属

林鹬（lín yù）

英文名：Wood Sandpiper
拉丁名：*Tringa glareola*

体长 20 cm。嘴两色，嘴尖黑，具明显白眉纹，体背具密白斑，腿黄色而长，飞翔时脚远伸于尾后，翼下白。以昆虫、软体动物、甲壳类为食。

栖息环境：喜浅水的淡水沼泽、稻田。通常结成松散的小群。
居留时间：3~11 月，常单独或结小群。

鸻形目 鹬科 鹬属

泽鹬（zé yù）

英文名：Marsh Sandpiper

拉丁名：*Tringa stagnatilis*

体长 23 cm。嘴形细长而尖直，身体纤细，脚绿且细长。夏羽头、颈具细纵纹，上体具黑羽轴斑。冬羽下体仅颈侧具稀点斑。以昆虫、软体动物、甲壳类动物为食。

栖息环境： 喜池塘、稻田、河沟两岸及盐池，常与其他鹬混群。

居留时间： 3~11 月，常结小群。

鸻形目 燕鸻科 燕鸻属

普通燕鸻（pǔ tōng yàn héng）

英文名：Oriental Pratincole
拉丁名：*Glareola maldivarum*

体长 25 cm。嘴黑基红，喉乳黄，外缘黑，胸黄褐，腹白。飞翔时，翼下红褐，腰白，尾黑并呈叉形。食物以昆虫为主，也吃蟹、甲壳类等小型无脊椎动物。

栖息环境：近水的草丛及稀疏低矮的芦苇地。

居留时间：4~10 月，当地繁殖，多结群。

4 猛禽

夜行性猛禽

主要是鸮形目鸟类，主要在夜间活动，“猫头鹰”是这类鸟的俗称。栖于森林、草地、农田等多种环境，肉食性，嗜食鼠类和昆虫。脸部具明显脸盘，便于夜间收集猎物活动声音。有的长有或长或短的耳簇羽，且两耳不在同一水平线，可在黑暗中准确定位猎物。两翼宽圆，体羽松散，可减少飞翔时的声音。嘴短带钩，爪锋利，外趾可内外转动，便于猎杀猎物。雌雄相似，雌性体形稍大。鸮有独特的叫声，可以借此识别。

种类

8 种。

备注

黄河口夜行性猛禽分别为草鸮、日本鹰鸮、纵纹腹小鸮、北领角鸮、红角鸮、长耳鸮、短耳鸮和雕鸮，共计 8 种，均为国家二级保护动物。具体描述参前文。

日行性猛禽

主要是鹰形目和隼形目鸟类，主要在白天活动，鹰、雕、隼等为此类鸟的统称。以肉食性为主，生活在多种生境中。脚爪弯曲带钩，脚强壮有力，以便捕获猎物；嘴粗壮有力，以便撕裂食物；体形比一般鸟类大，飞翔更为迅速、灵活，以便追赶猎物。在长期进化中，凭借超大的体形、锋利粗大的嘴、锐利的脚爪及极高的飞翔速度猎取食物，并形成独特的外形特征。

此类可分为鹰类和隼类两大类。其中，鹰类为鹰形目鹰科鸟类，初级飞羽分叉，有叉指，翅形宽大；隼类为隼形目隼科鸟类，初级飞羽不分叉，无叉指，翅形窄长。

种类

31 种。其中，鹰形目鹰科 24 种，隼形目隼科 7 种。

备注

此类中有国家一级保护鸟类 8 种，分别为秃鹫、乌雕、草原雕、白肩雕、金雕、玉带海雕、白尾海雕、猎隼；国家二级保护鸟类 23 种，分别为鹗、黑翅鸢、凤头蜂鹰、短趾雕、赤腹鹰、日本松雀鹰、松雀鹰、雀鹰、苍鹰、白腹鹞、白尾鹞、鹊鹞、黑鸢、灰脸鵟鹰、毛脚鵟、大鵟、普通鵟、黄爪隼、红隼、红脚隼、灰背隼、燕隼、游隼。具体描述参前文。

猛禽概述

>> 猛禽特点

猛禽位于食物链的顶端，经过长期进化，具有如下与猎捕食物相关的特点：

◎ 脚爪弯曲带钩，脚强壮有力，以便捕获猎物；

◎ 嘴粗壮有力，以便撕裂食物；

◎ 体形比一般鸟类大，显强壮、凶猛；

◎ 飞翔更为迅速、灵活，以便追赶猎物；

◎ 以动物为食的捕食性鸟类，因食物不同而生活在多种生境中。

>> 猛禽识别难点

猛禽野外识别较为困难，难点在：

◎ 同一种的幼鸟、雌鸟、雄鸟体色、斑纹差异很大；

◎ 同一种有不同的色型，如深色型、普通型、淡色型，难以观察；

◎ 猛禽难以近距离接近，因此难以观察到细节；

◎ 观察到的猛禽多在飞翔状态，识别难度大。

>> 猛禽识别方法

野外识别要注意以下方面：

1. 体形大小

猛禽体形比一般鸟类要大，大型如雕、鹫、鵟类体长超过 50 cm；中型如鹞、隼类体长 30~50 cm；小型如松雀鹰等，体长在 30 cm 以下。鹰类体形大小差异很大。

2. 根据叉指识别

根据初级飞羽末端是否分叉，可快速识别某些类群。无叉指、翅形尖，大多是隼类；有叉指、翅短圆，大多是鹞、鵟等；有叉指、翅展长，大多是雕、鹫等。

3. 翅型

观察飞翔中的猛禽时，由于距离远，难以观察斑纹、体色等特征，观察翅形便是最准确的方法。翅的前后缘线关系：大型的呈平行线关系，如雕类；中小型常呈弓形，如鹞类。翼角弧度：有的近似直线，如雕类、苍鹰；有的呈圆弧，如鹞类。翅展与体长的比例：翅展明显大于体长，如雕类；两者比例不明显，如鹞类、隼类。初级飞羽与次级飞羽的夹角：近似直线的为雕类。

4. 飞翔姿态

飞翔时的姿态与猎捕食物的方法有关。有的在高空乘上升气流翱翔，如鹰、雕类等；有的凭快速飞翔捕捉猎物，如隼类；有的在低空飞翔，频繁振翅，滑翔时翅呈独特的“V”型，如鹞类；有的有独特的空中悬停动作，以便发现地上猎物，如黑翅鸢、红隼。

5. 体色、斑纹

每种猛禽的体色、斑纹都有特色，如果准确识别，可快速确定出鸟种。如雄性鹊鹞，背部有独特斑纹。

6. 生活环境

根据食物的不同，猛禽生活在不同环境中：湿地类型，如鹞类、鹗；高山、草原，如雕、鹫类；森林、草地、农田，如鹰类；沿海、海滨，如海雕等。

>> 猛禽识别案例

以鹞类为例，识别方法如下。

白尾鹞

鹊鹞

白腹鹞

白头鹞

鹞类识别方法

识别对象	独特标识	备注
鹞类	翅短圆，呈弓形；多生活在湿地、沼泽地带；低空飞翔，频繁振翅，滑翔时两翅呈“V”形；面部呈面盘状	区别于其他猛禽的典型特征
白尾鹞（雄）	头、颈和背灰，翅尖黑	与白腹鹞（雄）相似，但头颈及上体无纵纹
白尾鹞（雌）	白色腰带宽，具深褐色耳斑	与鹊鹞（雌）相似，但耳斑不明显，翅覆羽灰黑

（续表）

识别对象	独特标识	备注
鹊鹞（雄）	背部具独特的黑色“十”字	独有标识
鹊鹞（雌）	翅覆羽整体较灰白，有黑色横带	与白尾鹞（雌）相似，但翅覆羽灰白，有黑色横带
白腹鹞（雄）	与头颈黑色型鹞相比，头、颈、上背灰黑，具白斑纵纹	与白尾鹞（雄）、鹊鹞（雄）相比，头、颈、上背有白斑和纵纹
白腹鹞（雌）	头颈相对白而下体棕无纵纹，头颈部有纵纹	与白头鹞（雌、雄）棕红体色相似，但头颈有纵纹，肩羽白斑大
白头鹞（雄）	头颈部白，胸、腹棕红，头顶无纵纹	与白腹鹞（雌）相似，但头顶无纵纹
白头鹞（雌）	头颈部白，胸、腹棕红，头顶无纵纹	与白腹鹞（雌）相似，但头顶无纵纹，无白腰带

>> 猛禽分类

根据行为，猛禽可分为夜行性（鸮形目）和日行性（鹰形目、隼形目）两大类。

日行性猛禽可分为鹰（科）和隼（科）两大类。鹰指鹰形目鹰科鸟类，初级飞羽分叉，有叉指，翅形宽大；隼指隼形目隼科鸟类，初级飞羽不分叉，无叉指，翅形尖。

>> 猛禽保护

所有猛禽都受法律保护，均被列入国家一级或二级保护动物；根据《濒危野生动植物种国际贸易公约》（CITES），中国所有猛禽均被列入附录 I 或附录 II。

鸮类（夜行性）

共性

夜行性猛禽，栖于森林、草地、农田等多种环境，肉食性，嗜食鼠类和昆虫。

脸部具明显脸盘，便于夜间收集猎物活动声音。

有的长有或长或短的耳簇羽，且两耳不在同一水平线，可在黑暗中准确定位猎物。

两翼宽圆，体羽松散，可减少飞翔时的声音。

嘴短带钩，爪锋利，外趾可内外转动，便于猎杀猎物。

雌雄相似，雌性体形稍大。

鸮有独特的叫声，可以借此识别。

种类

中国 32 种，黄河口 8 种。

鹗

共性

生活在湿地环境，以鱼类为食。

飞翔时两翼窄长呈弯角“M”形，善于潜入水中捕鱼，爪两趾向前、两趾向后。

种类

中国 1 种，黄河口 1 种。

鸢

共性

多生活在林缘，以小型动物为食。

体形中等，在低空飞翔。

展翅时，翼角较大，初级飞羽与次级飞羽间内凹。

种类

中国 3 种，黄河口 2 种。

蜂鹰

共性

生活在林间，有偷袭蜜蜂及黄蜂巢的怪习。

头小而颈长，形态有时与斑鸠相似。

种类

中国2种，黄河口1种。

鹫

共性

生活在高山、草原等空旷区域。

食腐性鸟类，以动物尸体为食。

体形甚大，嘴粗大而尖，颈特长，头、颈处羽毛退化或仅有细小绒羽，爪退化。

飞翔时翅宽大，翅展长，尾短呈楔形，常在高空翱翔。

种类

中国6种，黄河口1种。

雕类

共性

体形甚大的一类猛禽。

嘴大而嘴基较粗宽，嘴裂长，与蜡膜均为黄色（相比于鵟）。

尾短，翅长而宽，跗趾被羽一直到趾。

种类

中国 9 种，黄河口 5 种。

鹰类

共性

中小型猛禽，多生活在林缘，以小型动物为食。

翅短圆，呈弓形，翼尖多呈叉指，尾长并多具横纹，下体多具纵纹、横纹。

休息时，翅长不及尾长。脚细长。

雌雄有差异，成鸟和亚成鸟有差异，且有多种亚型，是较难识别的鸟类。一般雌性体长大于雄性。

种类

中国 7 种，黄河口 5 种。

鹞类

共性

多生活在湿地、沼泽地带，常低空飞翔，频繁振翅，滑翔时两翅呈“V”形。

体形中等，翅短圆，尾长，飞翔时翅呈弓形。

面部呈面盘状。雌、雄及亚成体有差异。

种类

中国 6 种，黄河口 3 种。

海雕

共性

生活在海边、湖泊、河流等湿地环境，以鱼类为食。

体形甚大，嘴粗大，翅长，尾短呈楔形。

飞翔时，高空翱翔展翅平伸。

种类

中国 5 种，黄河口 2 种。

鵟鹰

共性

喜林缘及开阔地。

捕食鼠类、蛙类及小型动物。

种类

中国 3 种，黄河口 1 种。

鵟类

共性

体中型，比雕类小，比鹰类大。

翼宽圆而翼端黑，初级飞羽色浅或有白色斑块，翼角黑色，尾短。

常作环状盘翔，翱翔时双翼似鹞呈“V”形，盘翔时尾常张开呈扇形。

雌雄外形差异不大，但有多种色型。

种类

中国 6 种，黄河口 3 种。

隼类

共性

隼形目隼科的一大类猛禽。

中小型猛禽，飞行快速，于空中或地面捕食昆虫、小型鸟类、鼠等。

嘴短，先端钩曲，具明显齿突。鼻孔圆，中间有丘状突出。颈短，脚强健而粗。

飞翔时，翅狭长而尖，初级飞羽不分叉，低空急速飞行，以振翅、滑翔为主要动作，不会盘旋，经常于空中振翅。

雌、雄及亚成鸟有差异。

种类

中国 12 种，黄河口 7 种。

5 攀禽

共性

生活在树林间，多在林间觅食和活动，很少到地面。以树干中的虫类及其他昆虫为食。嘴粗而尖，呈锥形；脚爪两趾向前、两趾向后，适于在树干攀缘；尾羽粗硬。啄木鸟类为典型代表，但还有一些鸟类根据习性、行为或外形也被划为此类群。

种类

32 种，包括夜鹰类 1 种、雨燕类 3 种、杜鹃类 8 种、戴胜 1 种、佛法僧类 1 种、翠鸟类 3 种、蚁䴕 1 种、啄木鸟类 5 种、燕类 5 种、旋木雀类 1 种、鳾类 2 种、旋壁雀 1 种。

备注

小鸦鹃为国家二级保护鸟类，具体介绍参前文。

分类概述

夜鹰类

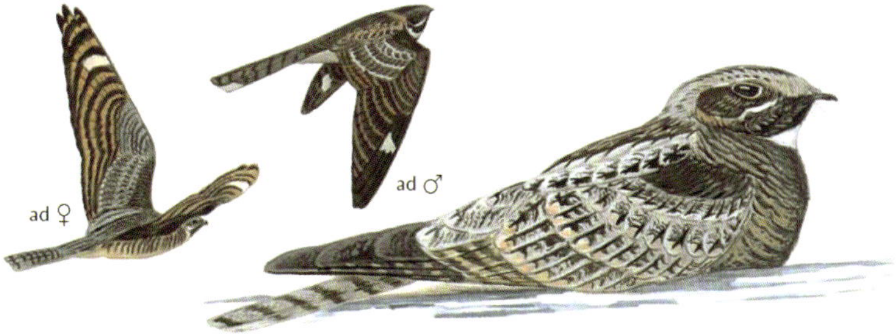

共性

夜行性，白天于树干或地面休息，在飞行中捕食昆虫。

嘴特短小，嘴基宽并带有刚毛，便于在空中飞行时捕食昆虫。

头大，颈短，翼及尾长，体色多具斑纹，与周围环境极相似，具有保护色。

休息时，身体平伏，飞翔时以一种变幻不定、缓慢的方式振翼。

种类

中国 6 种，黄河口 1 种。

雨燕类

共性

空栖性，常集群并长时间在空中飞翔，捕食空中的昆虫。

似常见的家燕，但在进化上与家燕属不同目，几乎不树栖，而是在悬崖上休息，筑巢于岩石、山洞及空树中。

体形小，嘴甚小而嘴基宽，适于在空中捕食。

翼狭长，折翼时远超尾端。尾呈叉形或方形，有的尾端带刺。

脚短弱，极难在地面站立或休息。

雌雄相似，体色以黑褐为主。

因长时间在空中快速飞行，识别时较为困难，应以飞翔姿势作为识别重点。

种类

中国 15 种，黄河口 3 种。

杜鹃类

共性

树栖性，栖于树林，以昆虫为食，尤其喜欢毛虫。

卵寄生，借助于雀形目鸟类孵卵。

嘴细，嘴基粗并下弯，适于在空中捕食昆虫。

翼短圆，尾长多呈凸形，跗跖短弱，趾两个向前、两个向后，呈对趾。

休息时，姿势低矮。

杜鹃类外形极难识别，在野外最好以叫声区分。

种类

中国 20 种，黄河口 8 种。

戴胜

共性

栖于农田、草地、园林、树林等多种环境。

以蠕虫、昆虫为食，在地面觅食。

嘴细长而下弯，具冠羽，雌雄同色。

种类

中国1种，黄河口1种。

佛法僧类

共性

体色艳丽，树栖，以昆虫及小型动物为食。

嘴宽而壮并略下弯，颈短，翼长，尾长呈平尾或略凹。

飞翔时左右颠簸不定，在地面并脚跳跃前行。

雌雄同色。

种类

中国3种，黄河口1种。

翠鸟类

共性

有林栖性和水栖性两类。林栖性鸟类以昆虫为食，栖于林缘；水栖性鸟类以鱼类为食，栖于近水附近。

头大，嘴形粗大而厚尖。

体色多艳丽，翼短圆而宽。

雌雄同色。

种类

中国 11 种，黄河口 3 种。

蚁䴕

共性

不同于啄木鸟习性，栖于树枝而不攀树。

不錾啄树干取食，通常单独活动。

于地面取食蚂蚁。喜灌丛。

种类

中国 1 种，黄河口 1 种。

啄木鸟类

共性

栖于树干，啄食树中的昆虫。

嘴形强直而尖，适于啄开树皮。

舌长，能伸缩并带钩，可将树木中昆虫钩出。

爪两趾向前、两趾向后，适于沿树攀缘；尾羽坚硬，在攀缘时可支撑身体。

飞翔时呈波浪状。

雌雄羽色相似，略有差异。

种类

中国 32 种，黄河口 5 种。

燕类

共性

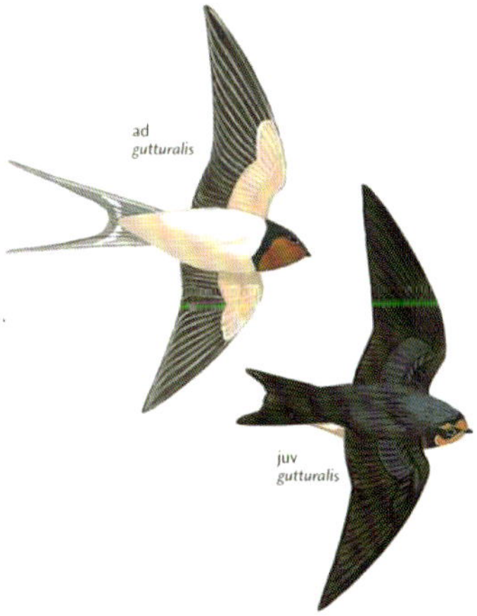

在空中飞行捕食昆虫。

嘴短、宽而平扁，呈三角形，便于在飞行中捕捉食物。

翼狭长，尾呈叉形，飞行轻巧快速。

跗趾短弱，不善于行走，很少在陆地活动。

休息时停于电线杆或树干、建筑物等。

雌雄相似。

种类

中国 14 种，黄河口 5 种。

旋木雀类

共性

树栖性，善于在树干上旋转攀缘，寻找树干中的昆虫。体形小，嘴长而下弯，上体褐色杂以斑纹，尾长而坚硬，适于攀缘时支撑身体。生活习性似啄木鸟。

种类

中国 7 种，黄河口 1 种。

䴓类

共性

树栖性，常在树冠活动，沿树干上下左右灵活地作螺旋状攀爬。

主要食物为昆虫，偶食坚果。

嘴形尖细而直，爪长，尾短呈方形。

种类

中国 11 种（除红翅旋壁雀），黄河口 2 种。

旋壁雀

共性

尾短，嘴细长而弯。

喜在岩崖峭壁上攀爬，有时于建筑物上取食。

种类

中国 1 种，黄河口 1 种。

夜鹰目 夜鹰科 夜鹰属

普通夜鹰（pǔ tōng yè yīng）

英文名：Grey Nightjar

拉丁名：*Caprimulgus jotaka*

体长 28 cm。嘴甚短小，体色灰褐且斑驳，具白眉纹、长颊纹，肩羽灰白，翼缘白或棕，尾具白色次端斑（区别于中国的其他夜鹰）。常在夜间活动，黄昏捕食，白天蹲伏。以空中昆虫为食。

栖息环境：单独或成对栖于林缘、灌丛，喜开阔的森林及灌丛。

居留时间：3~11 月。体色与周围环境相近而难以被发现。

夜鹰目 雨燕科 针尾雨燕属

白喉针尾雨燕（bái hóu zhēn wěi yǔ yàn）

英文名：White-throated Spinetail

拉丁名：*Hirundapus caudacutus*

体长 20 cm。颏及喉白色（区别于其他雨燕），尾下覆羽白色，三级飞羽具小块白色，背褐且上具银白色马鞍形斑块。善低空飞翔和垂直飞起后又突然下降。以空中昆虫为食。

栖息环境：村庄、农田、树林。

居留时间：迁徙时经过，但由于难以观察常将其忽略。

夜鹰目 雨燕科 雨燕属

白腰雨燕（bái yāo yǔ yàn）

英文名：Fork-tailed Swift

拉丁名：*Apus pacificus*

体长 18 cm。全体黑褐，飞翔时腹面喉白，下体具白羽缘，背面腰白，尾长叉尾深。飞行进食时不规则地振翅和转弯。以空中昆虫为食。

栖息环境：村庄、农田、树林。

居留时间：迁徙时经过，成群活动于开阔地区，常常与其他雨燕混群。

夜鹰目 雨燕科 雨燕属

普通雨燕（pǔ tōng yǔ yàn）

英文名：Common Swift

拉丁名：*Apus apus*

体长 21 cm。额及喉灰白，上体纯黑褐，下体褐，胸、腹具灰白色细横纹，燕尾略叉开。飞翔速度极快，为飞翔最快的鸟类。以空中昆虫为食。又名普通楼燕。

栖息环境：村庄、农田、树林。

居留时间：迁徙时经过。

鹃形目 杜鹃科 凤头鹃属

红翅凤头鹃（hóng chì fèng tóu juān）

英文名：Chestnut-winged Cuckoo

拉丁名：*Clamator coromandus*

体长45 cm。头黑具凤冠，上体黑，翼红，具白色后颈环，喉及前胸红，下体白，尾外缘白。攀行于低矮植被丛中捕食昆虫。振翅与飞行时凤头收拢。

栖息环境： 森缘及灌丛。

居留时间： 南方常见，黄河口出现原因不明。

鹃形目 杜鹃科 噪鹃属

噪鹃（zào juān）

英文名：Western Koel

拉丁名：*Eudynamys scolopaceus*

体长 42 cm。雄鸟全身黑色，嘴绿白，眼红。雌鸟全身布满白色斑点，尾羽具有规律的白色横纹。营巢寄生，习性隐蔽，难得一见。昼夜不停地响亮鸣叫，且叫声独特。以昆虫为食。

栖息环境：居民点附近树木茂盛的地方，如树林、公园等。

居留时间：南方常见，黄河口近几年频繁出现。

鹃形目 杜鹃科 鹰鹃属

大鹰鹃（dà yīng juān）

英文名：Large Hawk-cuckoo

拉丁名：*Hierococcyx sparverioides*

体长 40 cm。嘴黑下弯，头灰，胸棕具褐色纵纹，腹白具褐色横斑，尾褐具 5 道横纹。繁殖季节发出“贵贵阳”的叫声，速度及音调不断升高至狂暴高潮。以昆虫为食。

栖息环境：栖于树林，隐匿于林间树冠鸣叫。

居留时间：春末、夏季可见。

鹃形目 杜鹃科 杜鹃属

四声杜鹃（sì shēng dù juān）

英文名：Indian Cuckoo
拉丁名：*Cuculus micropterus*

体长 40 cm。头部淡灰，与上体深灰色形成对比；胸腹部黑横纹粗；尾羽具宽黑色次端斑。叫声似四声汉语“gue-gue-gue-guo”。以昆虫为食。

栖息环境：栖于森林及次生林上层，常只闻其声不见其鸟。
居留时间：3~9 月，于当地繁殖。繁殖期于芦苇丛中常听到其鸣叫。

鹃形目 杜鹃科 杜鹃属

大杜鹃（dà dù juān）

英文名：Common Cuckoo

拉丁名：*Cuculus canorus*

体长 32 cm。头、颈及上体石板灰，无明显对比；胸具细黑横纹；翼边具白斑；尾黑褐，端白而无深色次端斑；虹膜黄。叫声为两声“布谷”。以昆虫为食。

栖息环境：喜开阔的有林地带及大片芦苇地，有时停在电线上找寻大苇莺的巢。

居留时间：3~9 月，于当地繁殖。

鹃形目 杜鹃科 杜鹃属

中杜鹃（zhōng dù juān）

英文名：Himalayan Cuckoo
拉丁名：*Cuculus saturatus*

体长 26 cm。头及上体石板灰，翼褐且翼角边缘白，尾纯黑灰无斑，臀部常染黄褐色。叫声为低沉的四声“呼、呼、呼、呼”。以昆虫为食。

栖息环境：喜密树林，隐于林冠。除春季繁殖期叫声非常频繁外，其他时间很难听到或见到。

居留时间：3~9 月，当地不常见。

鹃形目 杜鹃科 杜鹃属

小杜鹃（xiǎo dù juān）

英文名：Lesser Cuckoo

拉丁名：*Cuculus poliocephalus*

体长 26 cm。与其他杜鹃区别在于它体形小，胸下斑稀疏，尾黑无横斑，尾端白。叫声为 5~6 声“阴天打酒喝”。以昆虫为食。

栖息环境：喜欢密树林，隐于林冠。除春季繁殖期叫声非常频繁外，很难听到或见到。

居留时间：3~9 月，当地不常见。

犀鸟目　戴胜科　戴胜属

戴胜（dài shèng）

英文名：Eurasian Hoopoe

拉丁名：*Upupa epops*

体长 30 cm。嘴长而下弯，冠羽棕具黑斑，翼及尾具黑白相间的条纹。以昆虫为食。

栖息环境： 所有环境均有发现，性活泼，在地面翻动寻找食物。有警情时冠羽立起，起飞后松懈下来。

居留时间： 留鸟，一年四季常见。

佛法僧目 佛法僧科 三宝鸟属

三宝鸟（sān bǎo niǎo）

英文名：Oriental Dollarbird

拉丁名：*Eurystomus orientalis*

体长 30 cm。嘴粗且呈橘红，头顶黑，整体深绿或蓝，飞羽深蓝具白斑，飞翔时明显，脚橘红色。飞行姿势怪异、笨重，胡乱盘旋或拍打双翅。起飞追捕或向下俯冲捕捉昆虫。

栖息环境：开阔的平原、田野、林区边缘。早、晚活动频繁。

居留时间：4~5 月、7~9 月，旅鸟，不常见。

佛法僧目 翠鸟科 翠鸟属

普通翠鸟（pǔ tōng cuì niǎo）

英文名：Common Kingfisher

拉丁名：*Alcedo atthis*

体长 15 cm。嘴粗长，头顶绿且具白色点斑，脸侧具橘黄和白斑，喉白，体背浅蓝绿色且中央具蓝纵斑，下体栗红。以鱼类为食。

栖息环境：常待于河流、池塘等水域附近的高处，转头四顾寻鱼而入水捉之。惊扰时近水面急速飞翔。

居留时间：留鸟，一年四季常见。

佛法僧目 翠鸟科 大鱼狗属

冠鱼狗（guān yú gǒu）

英文名：Crested Kingfisher

拉丁名：*Megaceryle lugubris*

体长 41 cm。嘴黑，嘴尖角质色，冠羽发达具点斑，上体密布白点斑，下体胸具点状横纹。雄鸟胸沾黄褐，雌鸟冠羽具大块白斑。在水面上空俯视觅食，发现食物后迅速俯冲。以鱼类为食。

栖息环境： 河流、池塘等水域附近。飞行慢而有力且不盘飞，急速俯冲捉鱼。

居留时间： 偶见旅鸟。

蓝翡翠（lán fěi cuì）

英文名：Black-capped Kingfisher

拉丁名：*Halcyon pileata*

体长 15 cm。嘴粗大呈红色，头顶黑，具白颈环，上体体背、飞羽及尾蓝，翼覆羽黑，下体喉、胸白，腹棕。飞翔时初级飞羽具白斑。以鱼、蛙、昆虫为食。

栖息环境：河流、池塘等水域附近。休息于近水的树干及电线杆，繁殖于芦苇丛间。

居留时间：3~11 月，在此繁殖。

啄木鸟目　啄木鸟科　蚁䴕属

蚁䴕（yǐ liè）

英文名：Wryneck

拉丁名：*Jynx torquilla*

体长 17 cm。嘴形短小，呈圆锥形；上体灰褐，体羽斑驳杂乱；下体白染棕，肋具细横纹；尾褐且具横纹。人近时做头部往两侧扭动的动作。取食地面蚂蚁。

栖息环境：树林及灌丛。栖于树枝而不攀树，也不錾啄树干取食。

居留时间：留鸟，一年四季常见。通常单独活动。

啄木鸟目 啄木鸟科 绿啄木鸟属

灰头绿啄木鸟（huī tóu lǜ zhuó mù niǎo）

英文名：Grey-faced Woodpecker
拉丁名：*Picus canus*

体长 27 cm。头灰，上体绿，下体灰。雄鸟顶冠猩红，雌鸟顶冠灰。怯生谨慎，常活动于小片林地及林缘，于地面寻食。春、夏食昆虫，秋、冬兼食植物。

栖息环境： 树林。
居留时间： 留鸟，一年四季常见。通常单独活动。

啄木鸟目 啄木鸟科 啄木鸟属

星头啄木鸟（xīng tóu zhuó mù niǎo）

英文名：Grey-capped Woodpecker
拉丁名：*Yungipicus canicapillus*

体长 15 cm。头顶灰，脸侧白，耳羽褐，颈侧具黑斑；上体黑，体背及翼具白点状横斑；下体棕褐无红色，具细纵纹。雄鸟枕侧具小红斑，雌鸟无。啄食树木中的昆虫。

栖息环境：栖于各种林区及园林。
居留时间：留鸟，一年四季常见。通常单独活动。

啄木鸟目 啄木鸟科 啄木鸟属

小星头啄木鸟（xiǎo xīng tóu zhuó mù niǎo）

英文名：Japanese Spotted Woodpecker

拉丁名：*Yungipicus kizuki*

体长 14 cm。头顶灰，脸侧污褐，白颊纹延至嘴基，白眉与后颈白斑相连；上体黑，具白点状横斑；下体具红褐细纵纹，无红色。雄鸟枕侧具小红斑，雌鸟无。啄食树木中的昆虫。

栖息环境： 栖于各种林区及园林。

居留时间： 留鸟，一年四季常见。通常单独活动。

啄木鸟目 啄木鸟科 啄木鸟属

棕腹啄木鸟（zōng fù zhuó mù niǎo）

英文名：Rufous-bellied Woodpecker

拉丁名：*Dendrocopos hyperythrus*

体长 20 cm。嘴黄，眼周白，上体体背及两翼黑，具成排的白点；下体浓赤褐色，臀红。雄鸟头顶红，雌鸟头顶为黑色并具密白点斑。啄食树木中的昆虫。

栖息环境：栖于各种林区及园林。

居留时间：留鸟，一年四季常见。通常单独活动。

啄木鸟目 啄木鸟科 啄木鸟属

大斑啄木鸟（dà bān zhuó mù niǎo）

英文名：Great Spotted Woodpecker

拉丁名：*Dendrocopos major*

体长 24 cm。下体白且无纵纹，臀部红，翼黑并具白肩斑及多条白横纹。雄鸟头顶黑、枕红，雌鸟枕与头顶都为黑色。啄食树木中的昆虫，秋、冬兼食植物。

栖息环境：栖于各种林区及园林。

居留时间：留鸟，一年四季常见。通常单独活动。

雀形目 燕科 沙燕属

崖沙燕（yá shā yàn）

英文名：Sand Martin

拉丁名：*Riparia riparia*

体长 12 cm。上体纯褐，尾浅叉，具特征性的褐色胸带。飞翔时翼下褐黑。以昆虫为食。

栖息环境： 栖于沼泽及河流之上，在水上疾掠而过或停栖于突出树枝。

居留时间： 4~5 月、8~10 月迁徙期常见。

雀形目 燕科 燕属

家燕（jiā yàn）

英文名：Barn Swallow

拉丁名：*Hirundo rustica*

体长 20 cm。喉及额基红，胸部具黑色胸带。上体钢蓝色，下体白。尾甚长，叉形，近端处具白斑。飞翔时翼下白。在高空滑翔及盘旋，或低飞于地面或水面捕捉小昆虫。

栖息环境：人类居住区。

居留时间：3~11 月，当地繁殖于层檐下，以泥团筑巢。常见。

雀形目 燕科 毛脚燕属

毛脚燕（máo jiǎo yàn）

英文名：Common House Martin

拉丁名：*Delichon urbicum*

体长 13 cm。上体蓝黑，腰白，尾黑浅叉，下体纯白，脚被白羽。飞翔时翼下白。体形小，活动敏捷，以擅长飞行而著称，善于在高空疾飞啄取昆虫。

栖息环境： 人类居住区。

居留时间： 3~11 月迁徙时经过，停歇于路边电线杆或于地面休息。

雀形目 燕科 毛脚燕属

烟腹毛脚燕（yān fù máo jiǎo yàn）

英文名：Asian House Martin

拉丁名：*Delichon dasypus*

体长 13 cm。上体蓝黑，腰白，尾黑浅叉；下体偏灰，胸烟白色。脚被白羽。飞翔时翼下黑。与毛脚燕区别为胸烟白色，尾开叉小，飞翔时翼下黑而非白。以昆虫为食。

栖息环境：人类居住区。

居留时间：3~11 月迁徙时经过。

雀形目 燕科 斑燕属

金腰燕（jīn yāo yàn）

英文名：Red-rumped Swallow

拉丁名：*Cecropis daurica*

体长 18 cm。脸侧及后颈栗红，头顶及体背深钢蓝色，腰浅栗色并具细纵纹，下体白而多具黑色细纹，尾长而叉深。飞翔时翼下白。以昆虫为食。

栖息环境：人类居住区。

居留时间：3~11 月，于当地繁殖，常与家燕混群。

雀形目 旋木雀科 旋木雀属

欧亚旋木雀（ōu yà xuán mù què）

英文名：Eurasian Treecreeper

拉丁名：*Certhia familiaris*

体长 13 cm。嘴形长而下弯，下嘴色淡，长眉白延至后颈，上体具杂乱白斑，下体白，仅臀沾棕（区别于其他种类），尾棕褐无横纹。善攀缘树林，围树干旋转觅食。以昆虫为食。又名旋木雀。

栖息环境： 森林、公园等多树环境，尤喜老树。

居留时间： 11 月至次年 3 月，于当地越冬。

雀形目 䴓科 䴓属

普通䴓（pǔ tōng shī）

英文名：Eurasian Nuthatch

拉丁名：*Sitta europaea*

体长 13 cm。有多种亚种，当地常见的为下体喉白、腹淡皮黄的亚种。嘴黑，下嘴基青白，黑色贯眼纹延至后颈，上体蓝灰。以昆虫为食。

栖息环境：喜混交林、阔叶林及多树公园。飞行起伏呈波状。偶尔于地面取食。成对或结小群活动。

居留时间：11 月至次年 3 月，不常见。

雀形目 鸸科 旋壁雀属

红翅旋壁雀（hóng chì xuán bì què）

英文名：Wallcreeper

拉丁名：*Tichodroma muraria*

体长 16 cm。嘴细长下弯，翼基绯红，翼端具白斑。夏羽脸及喉黑，上体体背灰，下体黑灰。冬羽脸及喉白。喜沿岩崖峭壁攀爬，两翼轻展，显露红色翼斑及白色翼斑。

栖息环境：绿阔叶林和针阔混交林带。

居留时间：不明原因偶见迷鸟，有时于墙壁可见。

6 鸣禽

共性

多数善于鸣叫；生活在林院、村庄、农田、树林等多种生境；食性杂，食物包括昆虫、种子等；嘴短而粗，多呈锥状，脚三趾向前、一趾向后，适于在地面行走及抓握树枝。

种类

162 种（雀形目鸟类 171 种。其中，燕科 5 种、旋木雀科 1 种、鹀科 3 种，总计 9 种归为攀禽）。

包括：黄鹂类 2 种、山椒鸟类 1 种、鹃鵙类 1 种、卷尾类 3 种、寿带类 2 种、伯劳类 6 种、鸦类 10 种、山雀类 6 种、攀雀类 1 种、云雀类 6 种、文须雀类 1 种、扇尾莺类 2 种、苇莺类 5 种、蝗莺类 4 种、鹎类 4 种、柳莺类 9 种、树莺类 3 种、长尾山雀 2 种、鸦雀类 3 种、绣眼鸟类 2 种、鹪鹩 1 种、椋鸟类 5 种、鸫类 13 种、鹟类 9 种、鸲类 13 种、戴菊 1 种、太平鸟类 2 种、岩鹨类 2 种、麻雀类 2 种、鹡鸰类 14 种、燕雀类 11 种、鹀类 16 种。

备注

黄胸鹀为国家一级保护鸟类，云雀、蒙古百灵、震旦鸦雀、红胁绣眼鸟、蓝喉歌鸲、红喉歌鸲、北朱雀、红交嘴雀为国家二级保护鸟类（参前文描述）。在 IUCN 级别中，黄胸鹀为世界极危（CR）；白颈鸦、远东苇莺、田鹀为世界易危（VU）；紫寿带、斑背大尾莺、震旦鸦雀为世界近危（NT）。

分类概述

黄鹂类

共性

树栖性，以植物果实及昆虫为食。

体形稍大，体色亮丽，嘴粗长而稍下弯，翅长尾短，跗趾短弱。

种类

中国 7 种，黄河口 2 种。

山椒鸟类

共性

树栖性，结群生活，以昆虫为食，兼食植物果实。

嘴短而基部宽。体形显纤细，站姿较直。

体羽松软，腰羽丰厚、羽轴宽阔且刚硬如芒，并多具与上体不同的羽色。

脚短弱，多树栖而少在地面活动。

种类

中国 7 种，黄河口 1 种。

卷尾类

共性

常栖于村庄、果园边缘的树枝及电线杆上，捕食空中飞翔的昆虫。

体羽黑或灰，嘴形强健，嘴峰稍下弯，尾长而呈叉状，有的尾上卷。

雌雄相似。

种类

有的书籍将其单独归为雀形目卷尾科；中国 7 种，黄河口 3 种。

寿带类

共性

树栖性，于林缘飞起捕食飞虫，外形与行为似鹟类，但幼鸟不具点斑。

有些雄鸟尾形特长，或尾宽而长，常翘起又展开。

雌雄差异大。

种类

中国 5 种（王鹟科），黄河口 2 种。

伯劳类

共性

栖于低矮灌丛、林缘或路边电线杆上。

以大型昆虫、小型脊椎动物为食；体形中等，性凶猛，食肉，有雀中猛禽之称；常有将猎物挂于刺枝上的习惯。

嘴形粗，尖带钩，并有齿突；头较粗大而圆，有黑色贯眼纹；脚强健，爪带钩。

雌、雄色有差异，雌及幼鸟多带鳞片或斑纹。

种类

中国 15 种，黄河口 6 种。

鸦类

共性

生活于人类居住区、树林、农田等多种环境，喜群居。

杂食性，食植物种子、果实及小型动物或动物尸体。

体形大的鸣禽，嘴粗壮，几与头等长；有的尾形长；喜鹊、乌鸦为此类常见鸟类。

雌雄相似。

种类

中国 31 种，黄河口 10 种。

山雀类

共性

生活于林间、灌丛，以昆虫为食，兼食种子。

体形比常见的麻雀小。营巢于树洞。

嘴形短而尖细呈锥形，便于凿入树干缝隙取食昆虫；跗趾强健；许多种具羽冠。性活跃，穿梭于树丛间，在树上取食。

种类

中国 24 种，黄河口 6 种。

攀雀类

共性

体形似山雀类，但嘴形呈尖锥。

筑巢极为精致复杂，为悬巢。

种类

中国 3 种，黄河口 1 种。

云雀类

共性

陆栖雀类，以农田、草地为主要生境，长于地面觅食，因体色与环境相似而难发现。有时从地面直冲上空，边飞边鸣叫，但一般飞翔距离不远，就近处重新落于地面。

体形小，嘴小而呈圆锥状，翅宽圆，尾侧白，脚细长，后爪甚长。

头部长有羽冠，鸣叫时竖起。

种类

中国 16 种，黄河口 6 种。

文须雀类

共性

生活在湿地环境，尤其是芦苇沼泽。

杂食性，以芦苇种子、草籽为食，也食昆虫。

雌雄异色，雄性具黑色髭纹。

种类

中国 1 种，黄河口 1 种。

扇尾莺类

共性

地栖性活动，栖于草丛、芦苇丛、灌丛等。

喙细长而弱，脚强健善跳跃，体色多纵纹，翼短圆，尾长。

食昆虫、无脊椎动物等。

种类

中国 12 种，黄河口 2 种。

莺类（综述）

共性

栖于林间、灌丛、沼泽及草地。

多食昆虫，有的兼食植物种子、果实。

体形多小而细弱，嘴形细长而尖，跗趾长而细弱。

性活跃，善鸣叫，声音尖细、清脆。

雌雄相似，有的夏羽、冬羽有差异。繁殖期常成对活动，非繁殖期常成群。

种类

中国是莺类世界分布的中心。莺类是野外较难识别的鸟类，眉纹、翼斑、体色、叫声常为识别的依据。莺可细分为以下几类：

S-1 树莺类：体色暗褐，少翼斑或纵纹而显色纯，通常具眼纹而无顶冠纹。中国 16 种，黄河口 3 种。

S-2 蝗莺类：尾长，呈楔形，体色纯褐或背具黑纵纹。中国 18 种，黄河口 4 种。

S-3 苇莺类：尾较长，体形较大，体色多暗褐，栖于灌丛、沼泽、稻田、草地。中国 16 种，黄河口 5 种。

S-4 柳莺：体色多鲜绿，头部纹线、翼斑等有多种变化，常栖于林间、灌丛。中国 51 种，黄河口 10 种。

S-5 鹟莺：下体色多鲜黄，头部色灰或带有明显颜色。中国 3 种，黄河口 2 种。

苇莺类

共性

栖于河塘、湖泊、芦苇丛、草丛、灌丛等，尤其水边。

以昆虫、无脊椎动物为食，兼食植物种子、草籽。

相比于其他莺类体形稍大，嘴尖细而稍长，两翼尖长，尾长而略呈凸形，善飞翔。

雌雄同色，体色以较纯的褐、黄为主。

种类

中国 16 种，黄河口 5 种。

蝗莺类

共性

栖于芦苇丛、草丛、灌丛等，尤其水边。

以昆虫、无脊椎动物为食。

相比于其他莺类，身体多具纵纹且体色更深（棕褐、皮黄或白）；嘴尖细；两翼尖长而善飞翔；尾长；脚强健，善于在地面行走。

雌雄同色。

种类

中国 18 种，黄河口 4 种。

鹎类

共性

为群树栖性鸟类，栖于乔木、灌丛。

食物以果实为主，兼食昆虫。

体形较大（比麻雀大），嘴略长而细，稍下弯。

体常具鲜丽或明显色彩。颈短、翼短圆而尾显稍长。

雌雄同色。

种类

中国 24 种，黄河口 4 种。

柳莺类

共性

常栖于林间、灌丛。多食昆虫，有的兼食植物种子、果实。

体色多鲜绿，头部纹线、翼斑等有多种变化。

体形多小而细弱，嘴形细长而尖，跗趾长而细弱。

性活跃，善鸣叫，声音尖细、清脆。

雌雄相似，有的夏羽、冬羽有差异。繁殖期常成对活动，非繁殖期常成群。

种类

中国 51 种，黄河口 9 种。

树莺类

共性

栖于森林、树林、竹林、灌丛等，以昆虫为食。

两翼尖长而善于飞翔，脚强健而善于跳跃，尾或长或短（不同种）。

雌雄同色。体羽橄榄、纯褐或多彩（鹟莺）。

种类

中国 19 种，黄河口 3 种（部分鹟莺划为树莺类）。

长尾山雀

共性

树栖性，以植物种子及昆虫为食。

嘴小而尖似圆锥，尾形甚长。

性活跃，善攀缘。

种类

中国 8 种，黄河口 2 种。

鸦雀类

共性

生活于灌丛、芦苇丛、草丛等，性好集群。食物以昆虫为主，兼食种子。

嘴粗短，呈锥形，嘴峰呈拱圆形或嘴形多变。

翼短圆而尾长。

种类

中国 33 种，黄河口 3 种。（注：郑四版中此类变化较大，雀鹛、山鹛等被归入此类。）

绣眼鸟类

共性

栖于林地、林缘等有树的环境，以小型果实、昆虫及花蜜为食。

眼周有银灰色羽，体形细小如山雀，体色橄榄绿或偏黄，嘴细小而略弯。性活跃而敏捷。

种类

中国 14 种（部分凤鹛被归入此类），黄河口 2 种。

鹪鹩

共性

喜有林地，但于地面活动。

体形小，嘴细长，翼短圆，尾羽短而长且上翘。

种类

中国 1 种，黄河口 1 种。

椋鸟类

共性

常生活在人类居住区附近，食植物果实、种子及昆虫。

嘴形长直，体形适中，脚长而强健，善地面行走。

喜集群，有的善鸣叫及模仿其他鸟类鸣叫。

种类

中国 21 种，黄河口 5 种。

鸫类

共性

森林性鸟类，常在乔木或树丛间栖息，以昆虫、无脊柱动物及植物浆果为食，多数在地面或近水处觅食。

体形较大（多超过 20 cm，比麻雀大），显粗壮；嘴较短直，呈锥形；脚强壮，善于树栖及在林中穿行。

一般单独或成对活动，少见集群。多数种有鲜丽明显的体色、体斑或点斑，是较易识别的鸟类。

种类

鸫类在分类上属于鹟科的鸫亚科类，中国 38 种（红尾鸫被提升为种），黄河口 13 种。

鹟类

共性

生活在树缘，栖于树枝间，飞翔中捕食昆虫，然后飞回原处。

头圆，嘴尖直而嘴基宽大，具刚硬髭须以助于空中捕食昆虫。

脚较弱而短细，黑色。立姿直。

雄鸟一般色彩艳丽，雌鸟较暗淡。

种类

中国 41 种，黄河口 9 种（后带“鹟”“姬鹟”的鸟类）。

备注：郑四版将鸫、鸲类归为鹟科，体形差异甚大，计 111 种。本书仍将鸫、鸲分类。

鸲类

共性

林栖性鸟类，栖于乔木、灌丛，在地面穿行觅食，以昆虫、植物果实及种子为食。包括鸲、鹏、燕尾等。

体形小至中等，头圆，嘴细长而尖利，两翼宽圆，尾形从短至长具多种变化，一般脚长显体高。

所有种具有间歇性上翘习性。雄鸟一般有鲜丽体色或斑纹，雌鸟色泽较暗淡。

种类

中国 41 种，黄河口 13 种（包括鸲类、紫啸鸫、蓝矶鸫、鹏类）。

戴菊

共性

常单独出现于树缘下层。飞翔时长时间悬停。

体形纤小似柳莺，头顶具艳丽斑纹。

种类

中国 2 种，黄河口 1 种。

太平鸟类

共性

常结群在果树及灌丛间活动，冬季以蔷薇果及其他浆果为食。

嘴宽，体羽柔软，头具冠羽，次级飞羽羽端具红色蜡斑，体羽具艳丽色斑。

种类

中国 2 种，黄河口 2 种。

岩鹨类

共性

栖于多岩石、草丛的灌丛中，以昆虫及植物果实为食。

嘴形尖细，嘴基向两侧膨大。

翼较圆，尾短而稍凹，跗趾强健。

雌雄体色相似。

种类

中国9种，黄河口2种。

麻雀类

共性

生活在人类居住区周围，喜集群，以植物种子为食，繁殖期食昆虫。

嘴粗短，呈圆锥形。常见的麻雀属此类。

种类

中国13种，黄河口2种。

鹡鸰类

共性

喜近水的草地、芦苇、农田及灌丛等生境，以昆虫为食，部分取食软体动物。

嘴细长，身体纤细，尾细长且外侧白，脚长。

在地面觅食，尾有摆动习惯，飞翔呈波浪形。包括鹡鸰及鹨类。

种类

中国20种，黄河口14种。

白鹡鸰的 7 个亚型：

亚种名称	主要特征
1. 普通亚种	头部白，后枕及背部黑，胸黑，下体白，翅有白块
2. 灰背眼纹亚种	头部白，有细贯眼纹，头顶、枕、后颈黑，背灰，胸黑，下体白，翅无白块
3. 白脸颊亚种	头黑，白脸颊延至额，背灰，下体白，翅有白块
4. 颊纹亚种	脸颊、喉白，颊纹黑，枕、上体黑，胸黑，下体白，翅无白块
四个亚种根据有无翅斑，还可分为两个亚型，其中灰背眼纹亚种翅有白块的提升为黑背鹡鸰种，因此共 7 个亚型。	

燕雀类

共性

栖于开阔草甸、林间及灌丛，以植物种子、谷类为食。

嘴小而厚呈圆锥形，尾较长而凹，善飞翔。

种类

中国 63 种，黄河口 11 种（有的书籍将此类归入雀形目雀科）。

鹀类

共性

体形大小与常见麻雀相似。嘴形粗短，圆锥状，上喙、下喙咬合时有一条细缝。

体背常具纵纹，尾羽外侧大多白色。停歇时有弹尾习惯。

食草籽、种子及昆虫，栖于农田、草原、芦苇、海边灌丛等。

雌、雄异色且繁殖期、越冬期有差异。

雄鸟色彩艳丽或具特征性斑块，易识别；雌鸟色彩暗淡，特征不明显，不同种间难识别。

种类

中国 33 种，黄河口 16 种。

雀形目 黄鹂科 黄鹂属

黑枕黄鹂（hēi zhěn huáng lí）

英文名：Black-naped Oriole
拉丁名：*Oriolus chinensis*

体长 26 cm。全身黄色。成鸟嘴粉红而粗，由眼先经眉至后枕黑色，飞羽黑色。亚成鸟头部黑色不明显，下体白并具黑色细纵纹，腹下黄。以昆虫为食，偶吃植物。

栖息环境： 栖于有树的村庄、公园等多种环境。成对或以家族为群活动。

居留时间： 3~10 月。常留在树上，但有时下至低处捕食昆虫。飞行呈波状，振翼幅度大，缓慢而有力。

雀形目 黄鹂科 黄鹂属

朱鹂（zhū lí）

英文名：Maroon Oriole
拉丁名：*Oriolus traillii*

体长 26 cm。嘴蓝灰。雄鸟头部及翼黑色，其余朱红色。雌鸟体背深灰，尾紫红，胸及腹部白而密布黑色纵纹。以昆虫、浆果等为食。

栖息环境：迁徙中于沿海的小树林作短暂停栖，习性不详。
居留时间：2009 年 10 月有一次记录，可能为迷鸟。

雀形目 山椒鸟科 山椒鸟属

灰山椒鸟（huī shān jiāo niǎo）

英文名：Ashy Minivet

拉丁名：*Pericrocotus divaricatus*

体长 20 cm。雄鸟嘴黑，眼先黑，额白，顶冠黑色，上体及腰灰，下体白，尾外侧白。雌鸟体色淡，顶冠灰色。飞翔时呈波状前进。以昆虫为食。

栖息环境： 有林的公园、居民区，森林。

居留时间： 4~5 月，8~10 月。

雀形目 卷尾科 卷尾属

黑卷尾（hēi juǎn wěi）

英文名：Black Drongo

拉丁名：*Dicrurus macrocercus*

体长 30 cm。全身蓝黑带辉光，嘴小，眼红，尾长深叉，尾端上卷。亚成鸟体下各羽具淡色羽缘，腹下具近白色横纹。捕食时从栖处直接降至地面，随后向高处直飞，呈“U”形。在空中飞翔时，有种忽左忽右、飘忽不定的形态。叫声嘹亮，能模仿他鸟鸣叫。以昆虫为食。

栖息环境：常见于林缘、果园及村庄附近，栖于枯枝、树冠或电线杆上。

居留时间：3~9 月，于当地繁殖。

雀形目 卷尾科 卷尾属

灰卷尾（huī juǎn wěi）

英文名：Ashy Drongo

拉丁名：*Dicrurus leucophaeus*

体长 28 cm。全身鼠灰，下体色稍淡。脸颊白，尾深叉。幼鸟脸颊灰白不明显，整体显灰。立于林间空地的裸露树枝上，捕食过往昆虫，攀高捕捉飞蛾或俯冲捕捉飞行中的猎物。以昆虫为食。

栖息环境： 常见于林缘、果园及村庄附近，栖于枯枝、树冠或电线杆上。

居留时间： 3~9 月。

雀形目 卷尾科 卷尾属

发冠卷尾（fà guān juǎn wěi）

英文名：Hair-crested Drongo

拉丁名：*Dicrurus hottentottus*

体长 32 cm。全身蓝黑带辉光，嘴下弯而厚重，前额具细长的丝状羽。头顶及胸具白点斑，尾长略分叉，尾端上卷明显。以昆虫为食。

栖息环境：常见于林缘、果园及村庄附近，栖于枯枝、树冠或电线杆上。

居留时间：3~9 月。

雀形目 王鹟科 寿带属

寿带（shòu dài）

英文名：Chinese Paradise-Flycatcher

拉丁名：*Terpsiphone incei*

体长 42 cm（雄）、22 cm(雌)。雄鸟 2 种色型，栗色型嘴及眼圈钴蓝，头、喉及冠羽蓝黑，颈、胸灰白到下腹渐变为白，体背及翼、尾栗红，具形长（约 20 cm）的尾；白色型同栗色型，但下体除头、喉蓝黑外，其余全白。雌鸟除无形长的尾外，其他同雄鸟。以昆虫为食。

栖息环境：常栖于低地林，从森林低层栖处捕食，常与其他种类混群。

居留时间：3~9 月，白色型少见。

雀形目 王鹟科 寿带属

紫寿带（zǐ shòu dài）

英文名：Japanese Paradise-Flycatcher

拉丁名：*Terpsiphone trocaudata*

体长 40 cm（雄）、20 cm（雌）。雄鸟嘴及眼圈灰蓝，头、颈、胸紫黑，腹以下白，体背及翼、尾紫褐，具形长（约 20 cm）的尾。雌鸟无形长的尾，体背及尾栗褐色，胸部的紫黑较淡，其他同雄鸟。以昆虫为食。

栖息环境：迁徙时于沿海附近的阔叶林下栖息，于森林低层栖处捕食。

居留时间：3~9 月，少见。

雀形目 伯劳科 伯劳属

虎纹伯劳（hǔ wén bó láo）

英文名：Tiger Shrike

拉丁名：*Lanius tigrinus*

体长 19 cm。头、颈灰，体背及翼棕具黑色鳞纹。雄鸟头、颈灰，额黑并与贯眼纹相连。雌鸟贯眼纹眼先模糊，胁密布褐色横纹。亚成鸟头顶密布黑色鳞纹。肉食性，以昆虫、鼠类等为食。

栖息环境：喜在多林地带，多藏身于林中，通常在林缘突出树枝上捕食昆虫。

居留时间：4~10 月常见。

雀形目 伯劳科 伯劳属

牛头伯劳（niú tóu bó láo）

英文名：Bull-headed Shrike
拉丁名：*Lanius bucephalus*

体长 19 cm。棕色的头顶及后颈与灰色体背和尾对比明显。雄鸟眉纹细弱，头、颈栗色，胁棕。雌鸟贯眼纹棕且眼先模糊，胸、胁密布细褐色鳞斑且胁棕色较重。肉食性，以昆虫、鼠类等为食。

栖息环境： 喜次生植被及耕地，通常在林缘突出树枝上捕食昆虫。
居留时间： 4~10 月常见。

雀形目 伯劳科 伯劳属

红尾伯劳（hóng wěi bó láo）

英文名：Brown Shrike
拉丁名：*Lanius cristatus*

体长 19 cm。雄鸟眉纹白，上体纯褐，下体皮黄，尾红褐呈楔形。雌鸟胸、胁具鳞斑，腹中央白。单独栖于灌丛、电线及小树上，捕食飞行中的昆虫或猛扑地面上的昆虫和小动物。

栖息环境：喜开阔耕地及次生林，包括庭院及人工林。

居留时间：4~10 月常见。

雀形目 伯劳科 伯劳属

棕背伯劳（zōng bèi bó láo）

英文名：Long-tailed Shrike

拉丁名：*Lanius schach*

体长 25 cm。黑额与贯眼纹相连，肩羽棕，胁、臀及腰棕，翼黑具白斑，尾黑而长。立于低树枝，猛然飞出捕食飞行中的昆虫。以昆虫、蝗虫、甲壳虫及小型动物为食。

栖息环境： 喜草地、灌丛、果园及其他开阔地。

居留时间： 10 月至次年 3 月，越冬。

雀形目 伯劳科 伯劳属

灰伯劳（huī bó láo）

英文名：Northern Shrike
拉丁名：*Lanius borealis*

体长 24 cm。上体灰，肩部具细白纹，翼黑具一个小白斑，下体白，尾黑而外缘白，平尾。雌鸟色淡，下体具皮黄色鳞状斑纹。以昆虫及小型动物为食。

栖息环境： 栖于开阔的有林原野，在树上突出的主干或电线上捕食。有时停在空中振翼。

居留时间： 10 月至次年 3 月，但较为罕见。

雀形目　伯劳科　伯劳属

楔尾伯劳（xiē wěi bó láo）

英文名：Chinese Gray Shrike

拉丁名：*Lanius sphenocercus*

体长 31 cm。上体及腰灰，肩部具细白纹，翼黑并具两个白斑，尾黑而外缘白，呈楔形。飞翔时，白色翼斑与肩羽相连，有振翼悬停动作。雌鸟胁具不明显横斑。以昆虫及小型动物为食。

栖息环境：在开阔原野的突出树干、灌丛或电线上捕食，常栖于农场或村庄附近。

居留时间：10 月至次年 3 月，常见。

雀形目 鸦科 松鸦属

松鸦（sōng yā）

英文名：Eurasian Jay
拉丁名：*Garrulus glandarius*

体长 35 cm。性喧闹，体粉红褐，具黑色粗髭纹，翼黑且具两块蓝翼斑，腰及臀部白。食性杂，繁殖期以昆虫为食，其他季节也食植物。

栖息环境：喜落叶林地及森林。

居留时间：偶见，但近几年记录频率高，可能与气候变暖所致种群扩散有关。

雀形目 鸦科 松鸦属

灰喜鹊（huī xǐ què）

英文名：Azure-winged Magpie

拉丁名：*Cyanopica cyanus*

体长35 cm。顶冠、耳羽及后枕黑色，两翼天蓝色具白斑，尾长呈蓝色，尾端白。喉白，下体灰沾葡萄棕。性吵嚷，在地面及树干上取食。杂食性，以果实、昆虫及动物尸体为食。

栖息环境：结群栖于开阔松林及阔叶林，尤喜人类居住区附近。飞行时振翼快，作长距离的无声滑翔。

居留时间：常见，留鸟。

雀形目 鸦科 蓝鹊属

红嘴蓝鹊（hóng zuǐ lán què）

英文名：Red-billed Blue Magpie

拉丁名：*Urocissa erythroryncha*

体长 68 cm。嘴红色，头黑而顶冠白，上体蓝，楔形尾特长且端白，下体胸以下白。性喧闹，结小群活动。性情凶悍，主动围攻猛禽。杂食性，以果实、昆虫及动物尸体为食，常在地面取食。

栖息环境： 林缘、公园、灌丛、村庄。

居留时间： 偶见，周边种群扩散后在此记录。停歇于路边电线杆及树冠。

雀形目 鸦科 鹊属

喜鹊（xǐ què）

英文名：Oriental Magpie

拉丁名：*Pica serica*

体长45 cm。除肩部及腹部白外，其余体黑，翼及尾黑色并具蓝色辉光，尾甚长。杂食性。

栖息环境：栖于人类生活的所有环境，适应性强。

居留时间：留鸟，一年常见。

雀形目 鸦科 星鸦属

星鸦（xīng yā）

英文名：Spotted Nutcracker

拉丁名：*Nucifraga caryocatactes*

体长 33 cm。体色深褐，脸侧及胸部密布白色点斑，臀白，翼及尾黑。以松子为食。

栖息环境： 栖于松林、针叶林。

居留时间： 偶有记录。

雀形目　鸦科　寒鸦属

达乌里寒鸦（dá wū lǐ hán yā）

英文名：Daurian Jackdaw

拉丁名：*Coloeus dauuricus*

体长 32 cm。体形小，嘴短，除后颈、胸、腹白外，其余体黑。喜群居，结成大群，晨昏时活跃，常布满天空边叫边飞。杂食性，可食垃圾、腐肉、植物种子、各种昆虫等。

栖息环境： 村庄、农田、城郊等。可集成上万只，集群于农田觅食。

居留时间： 10 月至次年 2 月。

雀形目 鸦科 鸦属

秃鼻乌鸦（tū bí wū yā）

英文名：Rook

拉丁名：*Corvus frugilegus*

体长 47 cm。全体黑，嘴形长直而尖细，嘴基裸露皮灰白色，无髭须。飞行时尾端楔形，两翼较长窄，翼尖“手指”显著，头显突出。杂食性，可食垃圾、腐肉、植物种子、各种昆虫等。

栖息环境：村庄、农田、城郊等。可集成上万只，集群于农田觅食。

居留时间：10 月至次年 2 月、4~5 月。

雀形目 鸦科 鸦属

小嘴乌鸦（xiǎo zuǐ wū yā）

英文名：Carrion Crow

拉丁名：*Corvus corone*

体长 50 cm。全体黑，嘴形细，上嘴缘较直，前额较平缓。杂食性，垃圾、植物、动物均可食。

栖息环境： 村庄、农田、城郊等。可集成上万只，集群于农田觅食。

居留时间： 10 月至次年 2 月、4~5 月。

雀形目 鸦科 鸦属

白颈鸦（bái jǐng yā）

英文名：Collared Crow

拉丁名：*Corvus torquatus*

体长 54 cm。除颈背及胸白外，其余体深黑，嘴形粗长。杂食性，垃圾、植物、动物均可食。

栖息环境： 栖于平原、耕地、河滩、城镇及村庄，有时停歇于路边电线杆及树冠。

居留时间： 10 月至次年 2 月，不定期出现。

备注： 世界易危（VU）。

雀形目　鸦科　鸦属

大嘴乌鸦（dà zuǐ wū yā）

英文名：Large-billed Crow

拉丁名：*Corvus macrorhynchos*

体长 50 cm。全体黑，带光泽。嘴形粗大，上嘴峰呈圆弧形，前额较突显，头形方。正面观时，上嘴与额几乎垂直。飞翔时，尾展开后为楔尾。杂食性，垃圾、植物、动物均可食。

栖息环境： 栖于平原、耕地、河滩、城镇及村庄，有时停歇于路边电线杆及树冠。

居留时间： 10 月至次年 2 月。

雀形目 山雀科 黑冠山雀属

煤山雀（méi shān què）

英文名：Coal Tit

拉丁名：*Periparus ater*

体长 11 cm。头黑，脸部具白色三角形斑，颈背具白斑，翼灰具两翼斑，下体无纵纹，两胁深灰。性活跃而不惧人，善鸣叫。以昆虫为食。

栖息环境： 各种灌木丛、树林。成小群在树冠及树皮上翻找昆虫及虫卵。

居留时间： 11 月至次年 4 月，常见。

雀形目　山雀科　黄腹山雀属

黄腹山雀（huáng fù shān què）

英文名：Yellow-bellied Tit
拉丁名：*Pardaliparus venustulus*

体长 10 cm。尾甚短，下体鲜黄无纵纹，翼具两白点状翼斑。雄鸟头黑具白颊斑，后颈具白斑，上体蓝灰。雌鸟头顶及上体绿，后颈具黄斑，脸侧具白颊斑。以昆虫为食。

栖息环境： 喜成群在柳树树枝间及柳树周围灌丛觅食昆虫。
居留时间： 4 月和 11 月迁徙经过本地。

雀形目 山雀科 白颊山雀属

杂色山雀（zá sè shān què）

英文名：Varied Tit

拉丁名：*Sittiparus varius*

体长 13 cm。头颈黑，由额经眼先至颊部具皮黄色区域，下体栗褐色。鸣声多变。以坚果为食。

栖息环境：公园、树林，特别是有松树的林地。性隐蔽而惧生。成对活动，偶成小群。

居留时间：4~5 月和 9~11 月迁徙经过本地。

雀形目　山雀科　高山山雀属

沼泽山雀（zhǎo zé shān què）

英文名：Marsh Tit

拉丁名：*Poecile palustris*

体长 11 cm。无翼斑，头顶黑色而非褐色，颊侧白至后颈，下体白染灰。以昆虫为食。

栖息环境：喜落叶林、密丛、树篱、河边林地及果园。多在湿地周围。

居留时间：11 月至次年 3 月。数量少。一般单独或成对活动。

雀形目 山雀科 高山山雀属

褐头山雀（hè tóu shān què）

英文名：Willow Tit

拉丁名：*Poecile montanus*

体长 10 cm。与沼泽山雀易混淆，但头顶褐黑，与黑颏形成对比，具浅色翼纹，头显比例较大。上体褐灰，下体近白，两胁皮黄，无翼斑或项纹。性活泼，在林中枝叶间来回穿梭。以昆虫为食。

栖息环境：喜针叶林或针阔混交林。

居留时间：11 月至次年 3 月。数量少。一般单独或成对活动。

雀形目 山雀科 山雀属

大山雀（dà dōng shān què）

英文名：Japanese Tit

拉丁名：*Parus minor*

体长 10 cm。头黑，脸侧具大块白斑，上体灰沾绿（后颈染绿），翼具一道白翼斑，下体白，黑带由喉延至腹下。以昆虫为食。原名大山雀，由亚种提升为种。

栖息环境：喜针叶林或针阔混交林。

居留时间：11 月至次年 3 月。数量少。一般单独或成对活动。

备注：大山雀分化出 3 个独立种——大山雀、远东山雀、苍背山雀。大山雀：上背、翼覆羽和腰部黄绿色，腹部淡黄色。远东山雀：仅上背部黄绿色，下体缺少黄色。苍背山雀：背部及下体呈单调中灰色。

雀形目 攀雀科 攀雀属

中华攀雀（zhōng huá pān què）

英文名：Chinese Penduline Tit

拉丁名：*Remiz consobrinus*

体长 11 cm。嘴形尖锐。雄鸟头及顶冠灰，黑色眼罩延到额基，喉、颊部白。雌鸟整体色棕，眼罩深褐色，眉纹不明显，喉、颊部白。以昆虫为食，也吃植物的叶、花、芽等。

栖息环境：喜近水的芦苇、树林、草地，筑巢于树梢。

居留时间：留鸟，常见。

雀形目 百灵科 云雀属

小云雀（xiǎo yún què）

英文名：Oriental Skylark

拉丁名：*Alauda gulgula*

体长 15 cm。嘴形尖细，顶冠具细黑纵纹，下体胸褐具黑纵纹，胁沾褐。与云雀区别在于嘴形较尖细，下体胸部较褐。栖于长有短草的开阔地区，从不停栖于树上。以昆虫为食，兼食植物种子。

栖息环境： 栖于草地或耕田。常集小群，警惕时下蹲，惊扰时垂直上飞。

居留时间： 留鸟，常见。

雀形目 百灵科 凤头百灵属

凤头百灵（fèng tóu bǎi líng）

英文名：Crested Lark

拉丁名：*Galerida cristata*

体长 18 cm。具特征性长凤头，嘴形细长，冠羽长而窄。上体沙褐而具近黑色纵纹，下体浅皮黄，胸褐具密黑色纵纹。看似矮墩而尾短。以植物种子为食，兼食昆虫。

栖息环境：栖于干燥草地、农耕地。惊飞时快速垂直上飞，边飞边鸣唱，随即落入草丛。

居留时间：留鸟。常见。

雀形目 百灵科 短趾百灵属

大短趾百灵（dà duǎn zhǐ bǎi líng）

英文名：Greater Short-toed Lark

拉丁名：*Calandrella brachydactyla*

体长 14 cm。嘴肉色且粗圆，胸部的纵纹仅在胸侧，并具黑块斑。纵纹不会延至肋。以草籽、嫩芽等为食，兼食昆虫。

栖息环境： 栖于草地、农田。于地面觅食，人走近时起飞。起飞时一起一落呈波浪状。

居留时间： 留鸟，常见。

短趾百灵（duǎn zhǐ bǎi líng）

英文名：Asian Short-toed Lark

拉丁名：*Alaudala cheleensis*

体长 13 cm。嘴肉色、较粗圆，胸部具细纵纹，延伸到胁部。以草籽、嫩芽等为食，兼食昆虫。

栖息环境：栖于干旱平原及草地。起飞时一起一落呈波浪状，于地面觅食，人走近时起飞。

居留时间：留鸟，常见。

雀形目 文须雀科 文须雀属

文须雀（wén xū què）

英文名：Bearded Reedling

拉丁名：*Panurus biarmicus*

体长 17 cm。橘黄色嘴尖细。雄鸟脸部具特征性黑色锥形髭纹斑，翼上具黑白色斑纹，尾甚长。雌鸟脸部无黑斑，头顶灰色不明显。以芦苇种子、草籽为食，兼食昆虫。

栖息环境：栖于芦苇丛中攀缘跳动，性活泼，群栖。飞行时振翼弱且快，有时群鸟高飞空中又猛扎回芦苇地。

居留时间：不定期出现。有的年度突成大群。

雀形目 扇尾莺科 扇尾莺属

棕扇尾莺（zōng shàn wěi yīng）

英文名：Zitting Cisticola

拉丁名：*Cisticola juncidis*

体长 10 cm。眉纹白，嘴略弯，下嘴色淡，体背红褐具粗黑色纵纹，扇形尾褐色且端白、次端黑，脚粉红。以昆虫、小型动物为食。

栖息环境：喜近水的芦苇、稻田、草丛，常于空中展翅停空鸣叫。

居留时间：4~9 月，于当地繁殖。

雀形目 扇尾莺科 山鹪莺属

纯色山鹪莺（chún sè shān jiāo yīng）

英文名：Plain Prinia

拉丁名：*Prinia inornata*

体长 15 cm。眉纹白，上体纯暗灰褐色，下体皮黄色至偏红，尾长无横斑。鸣声单调而平缓连续，似昆虫的吟叫声，长达 1 min，每秒 3~4 声。纯以虫为食。有的书将其名为褐头鹪莺、纯色鹪莺。

栖息环境：栖于高草丛、芦苇地、沼泽、玉米地及稻田。飞行时鸣叫。

居留时间：3~9 月。

雀形目 苇莺科 苇莺属

东方大苇莺（dōng fāng dà wěi yīng）

英文名：Oriental Reed Warbler

拉丁名：*Acrocephalus orientalis*

体长 19 cm。眉纹皮黄或白色，上体褐色而头部稍暗，胸白具细纵纹（有时不明显），两胁、腹沾棕，尾形较长，端白。杜鹃常将卵寄生于其巢中。以昆虫为食。

栖息环境：栖于近水的苇地、稻田、沼泽及低地次生灌丛，常站于芦苇或灌丛顶端鸣叫，遇人即落入丛中。

居留时间：3~9 月，于当地繁殖。

雀形目 苇莺科 苇莺属

黑眉苇莺（hēi méi wěi yīng）

英文名：Black-browed Reed Warbler

拉丁名：*Acrocephalus bistrigiceps*

体长 13 cm。眼纹皮黄或白，其上下具清楚的黑色条纹。上体褐，下体黄褐或白。以昆虫为食。

栖息环境： 近水的高芦苇丛及高草地。

居留时间： 4~5 月，7~9 月。

雀形目 苇莺科 苇莺属

钝翅苇莺（dùn chì wěi yīng）

英文名：Blunt-winged Warbler

拉丁名：*Acrocephalus concinens*

体长 14 cm。眉短不过眼，上体纯褐，两翼短圆，尾长，喉白，胸侧、两肋及尾下覆羽沾皮黄。鸣叫时头顶部常竖起显较凸。以昆虫为食。又名钝翅 [稻田] 苇莺。

栖息环境：栖于近水的高芦苇丛及高草地。常发出“呱呱叽，呱呱叽”的鸣叫，但隐蔽而难见。

居留时间：3~9 月。

雀形目 苇莺科 苇莺属

远东苇莺（yuǎn dōng wěi yīng）

英文名：Manchurian Reed Warbler

拉丁名：*Acrocephalus tangorum*

体长 14 cm。体色为单调的灰褐色，眉纹上具醒目的黑色条纹，下具贯眼纹，胸、两胁及尾下覆羽沾棕，初级飞羽短，尾外端白。以昆虫为食。

栖息环境：栖于近水的高芦苇丛及高草地。常发出“chi chi”的尖叫声及模仿其他鸟的叫声。

居留时间：4~5，7~9 月。不常见。

备注：世界易危（VU）。

雀形目 苇莺科 芦莺属

厚嘴苇莺（hòu zuǐ wěi yīng）

英文名：Thick-billed Warbler

拉丁名：*Arundinax aedon*

体长 20 cm。体大，无眉纹而眼先皮黄，嘴粗短，上褐色、下淡色，上体纯褐，下体暗棕，尾长而凸。常站于芦苇或灌丛顶端鸣叫，遇人即落入灌丛中。以昆虫为食。

栖息环境：栖于近水的芦苇丛、灌丛或草丛中，性隐匿。

居留时间：4~5 月，7~9 月。

雀形目 蝗莺科 小蝗莺属

苍眉蝗莺（cāng méi huáng yīng）

英文名：Gray's Grasshopper Warbler

拉丁名：*Helopsaltes fasciolata*

体长 15 cm。眉灰，脸颊具灰细纹，下体胸灰，胁及腰棕色。以昆虫为食。

栖息环境： 栖于沿海的林地、草地及灌丛。在林下植被中潜行、奔跑及齐足跳动。

居留时间： 4~5 月，7~9 月。

雀形目 蝗莺科 小蝗莺属

斑背大尾莺（bān bèi dà wěi yīng）

英文名：Marsh Grassbird

拉丁名：*Helopsaltes pryeri*

体长 12 cm。眉纹模糊，上体棕褐，由头顶到背满布黑色纵纹。下体偏白，胁沾棕，尾下覆羽皮黄。楔形尾长而宽，尾端散。以昆虫为食。

栖息环境：栖于芦苇丛，惧生而性隐匿，遇危险即隐于芦苇丛中。

居留时间：4~5 月，7~9 月。

备注：世界易危（NT）。

雀形目 蝗莺科 小蝗莺属

小蝗莺（xiǎo huáng yīng）

英文名：Pallas's Grasshopper Warbler

拉丁名：*Helopsaltes certhiola*

体长 15 cm。眉皮黄，上体体背橄榄褐具黑纵纹，翼及尾红褐，楔形尾。下体胸及两胁沾橄榄褐。亚成鸟胸具纵纹。隐匿于浓密的植被下，即使被惊起，飞行仅几米远就又扎入覆盖中。以昆虫为食。

栖息环境： 栖于芦苇地、沼泽、稻田、近水的草丛、蕨丛以及林边地带。

居留时间： 3~5 月，7~10 月。

雀形目 蝗莺科 蝗莺属

矛斑蝗莺（máo bān huáng yīng）

英文名：Lanceolated Warbler
拉丁名：*Locustella lanceolata*

体长 12 cm。上体黑色粗纵纹和下体胸、胁赭黄具黑色纵纹为其典型特征。脚粉色而形长，尾长呈楔形。性羞怯，常单独或成对在草丛间或灌丛低处活动，受惊吓时少起飞，而是站在地上急扭尾或隐于丛中。以昆虫为食。

栖息环境： 喜湿润稻田、沼泽、灌丛、近水的休耕地及草丛。
居留时间： 3~5 月，7~10 月。因性羞怯而难见。

雀形目 鹎科 雀嘴鹎属

领雀嘴鹎（lǐng què zuǐ bēi）

英文名：Collared Finchbill

拉丁名：*Spizixos semitorques*

体长 23 cm。嘴象牙色、较粗且下弯，头灰黑具白颈环，下体鲜黄，尾绿而尾端黑。杂食性，以植物为主，兼食昆虫。

栖息环境： 灌丛、林缘、庭院、果园和村舍附近的丛林与灌丛中。

居留时间： 3~5 月，7~10 月。偏南方鸟类，但近几年频繁出现。

雀形目 鹎科 鹎属

白头鹎（bái tóu bēi）

英文名：Light-vented Bulbul

拉丁名：*Pycnonotus sinensis*

体长 19 cm。眼至后颈的大块白羽及耳羽的小白斑为典型特征。上体灰绿，翼、尾具绿黄羽缘。下体胸、胁灰褐，腹白。杂食性，既食动物也食植物。

栖息环境：栖于林缘、灌丛、乔木，常出现于居民区、公园、果园。性活跃，善鸣叫。

居留时间：留鸟，常见。

雀形目 鹎科 灰短脚鹎属

栗背短脚鹎（lì bèi duǎn jiǎo bēi）

英文名：Chestnut Bulbul

拉丁名：*Hemixos castanonotus*

体长 21 cm。眼后及上体栗色相连，头顶黑色而略具羽冠，喉白，两翼及尾灰褐。杂食性，既食动物也食植物。

栖息环境：有林地，如灌丛、居民区、公园、果园等。

居留时间：4~6 月。此鸟多分布于南方，近年扩散后当地有记录。

雀形目 鹎科 短脚鹎属

栗耳短脚鹎（lì ěr duǎn jiǎo bēi）

英文名：Brown-eared Bulbul

拉丁名：*Hypsipetes amaurotis*

体长28 cm。整体显灰，耳覆羽栗色，上体顶冠及颈背灰，两翼和尾褐灰，胸、胁灰具浅色纵纹。杂食性，既食动物也食植物。

栖息环境：有林地，森林、落叶林地、农耕地及林园。

居留时间：4~6 月，8~11 月。

雀形目 柳莺科 柳莺属

黄眉柳莺（huáng méi liǔ yīng）

英文名：Yellow-browed Warbler

拉丁名：*Phylloscopus inornatus*

体长 11 cm。眉前黄后白，无顶冠纹，上体橄榄绿，翼具两道白翼斑，三级飞羽羽端白色，下体白沾黄绿。性活泼，不甚怕人，不时发出叫声。以昆虫为主，偶食植物种子。

栖息环境：栖于森林的中上层，喜柳树，有时出现在灌丛及芦苇丛中。

居留时间：3~10 月。

雀形目 柳莺科 柳莺属

黄腰柳莺（huáng yāo liǔ yīng）

英文名：Pallas's Leaf Warbler

拉丁名：*Phylloscopus proregulus*

体长 9 cm。眉黄，具黄顶冠纹，上体绿而腰黄，翼具两道黄翼斑，下体灰白沾黄。性活泼，栖于森林的中上层，不甚怕人，不时发出叫声。以昆虫为主，偶食植物种子。

栖息环境：栖于森林的中上层，喜柳树，有时出现在灌丛及芦苇丛中。

居留时间：3~5 月，8~11 月。

雀形目 柳莺科 柳莺属

巨嘴柳莺（jù zuǐ liǔ yīng）

英文名：Radde's Warbler

拉丁名：*Phylloscopus schwarzi*

体长 12 cm。嘴粗短，下嘴基色淡，眉前黄后乳白（冬羽时全白），脸侧及耳羽具散布的深色斑点，无翼斑，下体胸及胁沾皮黄，臀黄褐，脚黄褐色。以昆虫为主，偶食植物种子。

栖息环境：常见于沿海草丛，常隐匿并取食于地面。看似笨拙沉重，尾及两翼常神经质地抽动，背有些驼。

居留时间：3~5 月，8~11 月。

雀形目 柳莺科 柳莺属

褐柳莺（hè liǔ yīng）

英文名：Dusky Warbler

拉丁名：*Phylloscopus fuscatus*

体长 11 cm。眉纹白，嘴黑褐（下嘴基及嘴裂色淡），上体单一褐色且无翼斑，下体胸、胁沾黄褐，脚褐色。食物以昆虫为主，偶食植物种子。

栖息环境：喜近水的芦苇、草丛或林缘、村庄，有翘尾并轻弹尾及两翼的习惯。

居留时间：10 月至次年 3 月。

雀形目 柳莺科 柳莺属

冕柳莺（miǎn liǔ yīng）

英文名：Eastern Crowned Warbler

拉丁名：*Phylloscopus coronatus*

体长 12 cm。嘴显长，下嘴色淡，眉前黄后白，后颈具白纹，上体、翼缘、尾橄榄绿，仅一道窄翼斑，下体白，胁沾污，臀黄。食物以昆虫为主，偶食植物种子。

栖息环境：喜林地及林缘，通常见于较大树木的树冠层。

居留时间：3~5 月，7~10 月。

雀形目 柳莺科 柳莺属

金眶鹟莺（jīn kuàng wēng yīng）

英文名：Green-crowned Warbler

拉丁名：*Phylloscopus burkii*

体长 13 cm。头顶灰具黑色眉纹，眼圈黄，下体黄。以昆虫为主，偶食植物种子。

栖息环境：喜林地及林缘、灌丛，通常活动于低处。

居留时间：3~5 月，7~10 月。

备注：分布于我国西南地区，罕见，但被当地观鸟者多次拍摄到，应为分布区有误。

雀形目 柳莺科 柳莺属

双斑绿柳莺（shuāng bān lǜ liǔ yīng）

英文名：Two-barred Warbler
拉丁名：*Phylloscopus plumbeitarsus*

体长 12 cm。白眉长且下嘴基粉红，上体深绿，顶冠对比性显灰，具两道白翼斑，下体白且臀下白，脚蓝灰，色深。食物以昆虫为主，偶食植物种子。

栖息环境： 喜林地及林缘，通常见于较大树木的树冠层。
居留时间： 3~5 月，7~10 月。

雀形目 柳莺科 柳莺属

淡脚柳莺（dàn jiǎo liǔ yīng）

英文名：Pale-legged Leaf Warbler

拉丁名：*Phylloscopus tenellipes*

体长 11 cm。嘴深褐，白眉，头顶灰与上体的绿对比明显，具两道细白翼斑（有时不明显），下体白及臀下白，脚淡粉色。食物以昆虫为主，偶食植物种子。

栖息环境：喜林地、林缘、灌丛，常在灌丛处活动，受惊后至树丛高处。

居留时间：3~5 月，7~10 月。

雀形目　柳莺科　柳莺属

极北柳莺（jí běi liǔ yīng）

英文名：Arctic Warbler

拉丁名：*Phylloscopus borealis*

体长 11 cm。嘴深褐，下嘴基色淡，白眉，头顶与上体的绿色调一致，具两道细白翼斑（有时不明显），下体白染褐，脚黄褐色。食物以昆虫为主，偶食植物种子。

栖息环境：喜林地及林缘，通常见于较大树木的树冠层。

居留时间：3~5 月，7~10 月。

雀形目 树莺科 暗色树莺属

远东树莺（yuǎn dōng shù yīng）

英文名：Manchurian Bush Warbler

拉丁名：*Horornis canturians*

体长 17 cm。体大，尾长，嘴显小，通体棕色，无翼斑，无顶纹，眉纹皮黄色，头顶相较于上体棕红色深。以昆虫为食。

栖息环境：喜林地及林缘，通常见于较大树木的树冠层。尾略上翘。

居留时间：3~5 月，7~10 月。

雀形目 树莺科 短尾莺属

鳞头树莺（lín tóu shù yīng）

英文名：Asian Stubtail

拉丁名：*Urosphena squameiceps*

体长 10 cm。体小而尾极短，具白眉及深色贯眼纹，头顶具鳞状斑。上体纯褐，下体由胸渐至深褐。体形看似矮胖，头平，翼宽，尾短，嘴尖。多于地面或近地活动。以昆虫为食。

栖息环境：喜林地及灌丛林。单独或成对活动。

居留时间：3~5 月，7~10 月。

雀形目 长尾山雀科 长尾山雀属

北长尾山雀（běi cháng wěi shān què）

英文名：Long-tailed Tit (caudatus)

拉丁名：*Aegithalos caudatus*

体长 16 cm。头圆，黑嘴极短而小，头及下体白，后颈具黑斑，臀部黄褐，尾长黑而外侧白。以昆虫为食。由银喉长尾山雀的指名亚种提升为种。

栖息环境：有林地、公园等。常成小群，觅食于树冠。

居留时间：10 月至次年 3 月。

雀形目 **长尾山雀科** **长尾山雀属**

银喉长尾山雀（yín hóu cháng wěi shān què）

英文名：Silver-throated Bushtit

拉丁名：*Aegithalos glaucogularis*

体长 16 cm。黑嘴极短而小，具宽的黑眉纹，其中具白色顶冠纹，眼先及额基棕，喉灰黑，背灰，翅、尾黑外侧白。以昆虫为食。

栖息环境：有林地、公园等。常成小群，觅食于树冠。

居留时间：留鸟，一年四季常见。

山鹛（shān méi）

英文名：Beijing Hill-wabbler
拉丁名：*Rhopophilus pekinensis*

体长 17 cm。眉灰，耳羽沙褐，髭纹细黑，上体沙褐具纵纹，下体颏、喉及胸白，胁、腹具栗色纵纹。尾长而缘白，棕色。以昆虫为食，偶食植物种子。

栖息环境：栖于灌丛及芦苇丛。于隐蔽处作快速飞行，善在地面奔跑。不惧生。繁殖期外结群活动。

居留时间：性隐蔽而难发现的留鸟。

备注：中国特色鸟种。

雀形目 鸦雀科 棕头鸦雀属

棕头鸦雀（zōng tóu yā què）

英文名：Vinous-throated Parrotbil

拉丁名：*Sinosuthora webbiana*

体长 12 cm。头部显圆、红棕色，嘴形粗短、灰色而尖色淡，体背灰褐，下体红褐，常具栗色羽缘，尾形长。活泼而好结群，多在灌丛、芦苇丛中觅食。以昆虫为食，偶食植物种子。

栖息环境：于灌丛、低矮树丛、芦苇等，有时与震旦鸦雀混群。叫声嘈杂。

居留时间：留鸟。夏季成对生活，冬季结成大群。

雀形目 绣眼鸟科 绣眼鸟属

暗绿绣眼鸟（àn lǜ xiù yǎn niǎo）

英文名：Swinhoe's White-eye

拉丁名：*Zosterops simplex*

体长 10 cm。眼圈白，上体鲜亮的绿橄榄色，下体喉及臀部黄，胸及两胁灰。性活泼而喧闹，于树顶觅食小型昆虫、小浆果及花蜜。以昆虫为食，偶食植物种子。

栖息环境： 公园、灌丛、树丛等有林地。

居留时间： 3~5 月，8~10 月，迁徙季节常见。

雀形目 鹪鹩科 鹪鹩属

鹪鹩（jiāo liáo）

英文名：Eurasian Wren
拉丁名：*Troglodytes troglodytes*

体长 10 cm。全身深黄褐具狭窄黑色横斑，嘴细，尾上翘，眉纹细长。性单独而活跃，尾不停地轻弹而上翘。飞行高度低，仅振翅作短距离飞行。以昆虫为食。

栖息环境： 公园、灌丛、树丛等有林地。
居留时间： 留鸟。

雀形目 椋鸟科 八哥属

八哥（bā gē）

英文名：Crested Myna

拉丁名：*Acridotheres cristatellus*

体长 26 cm。嘴黄，嘴基具短羽簇。全身黑，臀部具白色横纹，翼具白斑，飞翔时明显。杂食性，以昆虫及植物种子、果实等为食。

栖息环境：公园、树丛、居民区、农田等多种环境。

居留时间：留鸟。原为南方鸟类，由于种群扩散或气温变暖等原因，当地已常见。

雀形目 椋鸟科 丝光椋鸟属

丝光椋鸟（sī guāng liáng niǎo）

英文名：Red-billed Starling

拉丁名：*Spodiopsar sericeus*

体长 24 cm。红嘴尖端黑，脸侧皮黄，头具近白色丝状羽，具紫色颈环。上体体背紫，腰灰，翼黑，具白肩羽及翼斑。下体胸及上腹紫灰，下腹及尾下白，脚红。于地面觅食，以昆虫及植物为食。

栖息环境：公园、树丛、居民区、农田等多种环境。

居留时间：10 月至次年 3 月。

雀形目 棕鸟科 丝光棕鸟属

灰椋鸟（huī liáng niǎo）

英文名：White-cheeked Starling
拉丁名：*Spodiopsar cineraceus*

体长 24 cm。头灰黑而脸侧白，具白色丝状斑，上体灰褐，腰白，翼尾具白斑。多成群活动，当一只受惊起飞时，整群起飞。杂食性，以昆虫及植物、垃圾为食。

栖息环境： 公园、树丛、居民区、城区周围及农田等。
居留时间： 留鸟，常见。

雀形目　椋鸟科　北椋鸟属

北椋鸟（běi liáng niǎo）

英文名：Daurian Starling

拉丁名：*Agropsar sturninus*

体长 18 cm。嘴黑，翼黑具大白斑，尾黑。头、颈及下体灰，后枕具黑斑，腰棕黄，脚铅绿。杂食性，以昆虫及植物、垃圾为食。

栖息环境：栖息于阔叶林或田野内，觅食于地面。

居留时间：3~4 月，8~10 月。

雀形目 椋鸟科 椋鸟属

紫翅椋鸟（zǐ chì liáng niǎo）

英文名：Common Starling
拉丁名：*Sturnus vulgaris*

体长 21 cm。全体黑紫而密布白色点斑。夏羽时嘴黄绿，冬羽时嘴铅黑。以昆虫及植物为食。

栖息环境： 果园、耕地、村庄、居民区等。于开阔地取食、休息，停歇于电线杆。

居留时间： 11 月至次年 3 月。不定期出现，有的年度会成大群。

雀形目 鸫科 少斑地鸫属

白眉地鸫（bái méi dì dōng）

英文名：Siberian Thrush

拉丁名：*Geokichla sibirica*

体长 23 cm。雄鸟全体黑（有的亚种腹部白），具明显白眉。雌鸟白眉纹显散，脸颊有散状细纹，上体橄榄褐色，翼具细横纹，下体具鳞状斑。以昆虫及植物为食。

栖息环境：性活泼，栖于森林地面及树间，有时结群。

居留时间：3~5 月，8~11 月，迁徙时经过，但不多见。

雀形目 鸫科 地鸫属

虎斑地鸫（hǔ bān dì dōng）

英文名：White's Thrush

拉丁名：*Zoothera aurea*

体长 28 cm。雌雄相似，体大，全身布满粗大而细密的褐色月牙形鳞状斑纹。上体褐色，下体白，胸沾棕，臀白。飞翔时翼下具两道白带。以昆虫及植物为食。有多个亚种，当地为怀氏虎鸫。

栖息环境：栖居林下灌丛、草地，常在地面奔走觅食。

居留时间：3~5 月，8~11 月，迁徙时常见。多单独活动。

雀形目 鸫科 鸫属

灰背鸫（huī bèi dōng）

英文名：Grey-backed Thrush

拉丁名：*Turdus hortulorum*

体长 24 cm。头及上体灰，脸具黑纵纹，两胁红，腹中央及尾下覆羽白，嘴黄，脚肉色，飞翔时翼下红。在林地及公园的腐叶间跳动，甚惧生。以昆虫及植物为食。

栖息环境：公园、树林、居民区、农庄等，常在地面奔走觅食。

居留时间：3~5 月，8~11 月，迁徙时多见。

雀形目 鸫科 鸫属

乌灰鸫（wū huī dōng）

英文名：Japanese Thrush

拉丁名：*Turdus cardis*

体长 21 cm。雄鸟头及上胸黑色，下体胸、腹部及两胁具黑色点斑，腰及尾黑。雌鸟上体灰褐，胸侧及两胁沾赤褐，具黑色点斑。以昆虫及植物为食。

栖息环境：栖于落叶林，藏身于稠密植物丛及林子里。甚羞怯。

居留时间：3~5 月，8~11 月，迁徙时可见。

雀形目 鸫科 鸫属

乌鸫（wū dōng）

英文名：Chinese Blackbird

拉丁名：*Turdus mandarinus*

体长 29 cm。雄鸟全体黑，嘴橘黄，眼圈黄，脚黑。雌鸟下体具不明显暗色纵纹。鸣声嘹亮，尤善啭鸣及模仿其他鸟类鸣叫，其声多变化，故又称“百舌”。主要以昆虫为食。

栖息环境： 栖于落叶林，公园、居民区等有树的多种环境。惊飞时低空贴地飞翔。

居留时间： 留鸟。此鸟种南方常见，近几年当地已多处可见，广泛分布。

雀形目 鸫科 鸫属

白眉鸫（bái méi dōng）

英文名：Eyebrowed Thrush

拉丁名：*Turdus obscurus*

体长 23 cm。眉纹白，眼先黑，具形短的眼下斑，下体胸、胁黄棕色。雌鸟体色较淡，胸、胁黄棕色较暗。以昆虫及植物为食。

栖息环境： 于低矮树丛及林间活动。性活泼喧闹，甚温驯而好奇。

居留时间： 11 月至次年 4 月。

雀形目 鸫科 鸫属

白腹鸫（bái fù dōng）

英文名：Pale Thrush

拉丁名：*Turdus pallidus*

体长 24 cm。体色没有明显对比，无白眉。雄鸟头、颈灰，上体褐，下体胸、胁灰褐，腹及尾下覆羽白，下嘴黄色，眼圈黄。雌鸟体色较淡，头褐色，胁白而略具细纹。以昆虫及植物为食。

栖息环境：栖于低地森林、次生植被、公园及花园。性羞怯，藏匿于林下。

居留时间：11 月至次年 4 月。

雀形目 鸫科 鸫属

赤胸鸫（chì xiōng dōng）

英文名：Brown-headed Thrush

拉丁名：*Turdus chrysolaus*

体长 24 cm。雄鸟头、颈全灰黑，上体、翼及尾全褐，下体胸、胁红棕，腹部及臀白色。雌鸟喉偏白色略具细纹。以昆虫及植物为食。

栖息环境：喜混合型灌丛、林地及有稀疏林木的开阔地带。在有覆盖物的开阔处进食。

居留时间：3~5 月，7~10 月，迁徙期经过，但野外记录不多。

雀形目 鸫科 鸫属

黑喉鸫（hēi hóu dōng）

英文名：Black-throated Thrush

拉丁名：*Turdus atrogularis*

体长 25 cm。雄鸟颊、喉及颈黑，上体灰褐，下体胸以下白，具不明显暗纹。雌鸟喉白杂以黑色细纵纹。以昆虫及植物为食。原作为赤颈鸫黑喉亚种，现提升为独立鸟种。又名黑颈鸫。

栖息环境：栖于林缘灌丛、草地，成松散群体。在地面时作并足长跳。

居留时间：3~5 月，8~11 月，迁徙期经过，但野外记录不多。

雀形目 鸫科 鸫属

赤颈鸫（chì jǐng dōng）

英文名：Red-throated Thrush
拉丁名：*Turdus ruficollis*

体长 25 cm。雄鸟颊、喉及颈栗红，眉纹黄褐，下体胸以下白，具不明显暗纹。雌鸟喉及颈具栗纵纹。以昆虫及植物为食。又名红喉鸫。与黑颈鸫区别在于颈栗红而不是黑色。

栖息环境：栖于林缘灌丛、草地，成松散群体。在地面时作并足长跳。
居留时间：3~5 月，8~11 月。

雀形目 鸫科 鸫属

红尾斑鸫（hóng wěi bān dōng）

英文名：Naumann's Thrush
拉丁名：*Turdus naumanni*

体长 25 cm。眉棕红色，翼缘黄褐，尾羽红褐，下体胸、胁密布栗红色鳞状斑，脸有时沾红棕。以昆虫及植物为食。由斑鸫亚种提升为种。

栖息环境： 栖于开阔的多草地带及田野、公园、居民区。又名红尾鸫。
居留时间： 11 月至次年 3 月。

雀形目 鸫科 鸫属

斑鸫（bān dōng）

英文名：Dusky Thrush

拉丁名：*Turdus eunomus*

体长 25 cm。雄鸟白眉粗显，喉白具细髭纹，耳羽黑，腰红棕，翼红，胸具黑色鳞斑，腹部稀。雌鸟上体及翼暗红褐，下体具红褐稀纵纹（似红尾鸫），尾黑褐。以昆虫及植物为食。

栖息环境： 栖于田野、公园、居民区。于地面跳跃觅食，遇危险时就近隐于灌丛或飞上树枝观察。

居留时间： 11 月至次年 3 月。

雀形目 鸫科 鸫属

宝兴歌鸫 (bǎo xīng gē dōng)

英文名：Chinese Thrush

拉丁名：*Turdus mupinensis*

体长 23 cm。雌雄相似。脸后侧具黑色斑块，翼具两道翼带。下体白，具粗大心形黑色点斑。飞翔时，翼下覆羽上缘红棕色。甚惧生。以昆虫及植物为食。

栖息环境：栖于林下、灌丛，遇危险时就近隐于灌丛。

居留时间：3~5 月，8~11 月。

雀形目 鹟科 鹟属

灰纹鹟（huī wén wēng）

英文名：Grey-streaked Flycatcher

拉丁名：*Muscicapa griseisticta*

体长 14 cm。头顶及上体纯褐灰，喉及胸、胁满布深灰色纵纹。翼长几至尾。以昆虫为食。

栖息环境：栖于密林、开阔森林、林缘。

居留时间：3~5 月，7~11 月。

雀形目 鹟科 鹟属

乌鹟（wū wēng）

英文名：Dark-sided Flycatcher
拉丁名：*Muscicapa sibirica*

体长 13 cm。眼圈白，喉白并具白色的半颈环，上体深灰，下体两胁为烟灰色，翼长至尾的 2/3。常立于裸露低枝，冲出捕捉过往昆虫，然后飞回树枝。以昆虫为食。

栖息环境： 常见于有树的各种环境。
居留时间： 3~5 月，7~10 月。

雀形目 鹟科 鹟属

北灰鹟（běi huī wēng）

英文名：Asian Brown Flycatcher

拉丁名：*Muscicapa dauurica*

体长 13 cm。下嘴基色黄，胸侧及两胁褐灰无斑，翼稍短，仅至尾的中部，区别于其他鹟。以昆虫为食。

栖息环境： 常见于有树的各种环境。从栖处捕食昆虫，回至栖处后尾作独特的颤动。

居留时间： 3~5 月，7~10 月。

雀形目 鹟科 蓝鹟属

白腹蓝鹟（bái fù lán wēng）

英文名：Blue-and-white Flycatcher

拉丁名：*Cyanoptila cyanomelana*

体长 17 cm。体长而雌雄相异。雄鸟具黑（深蓝）白分明的下体及钴蓝色上体。雌鸟体形大且无浅色眼先及眼圈，下体色较纯，胸染褐而无斑。以昆虫为食。又名白腹姬鹟。

栖息环境： 喜有原始林及次生林的多林地带，在高林层取食。

居留时间： 3~5 月，7~10 月。

雀形目 鹟科 鸲鸟属

蓝歌鸲（lán gē qú）

英文名：Siberian Blue Robin

拉丁名：*Larvivora cyane*

体长 14 cm。雄鸟眼先黑，黑线由颊纹延至胸侧，上体青石蓝，下体白。雌鸟上体橄榄褐，胸褐色并具皮黄色鳞状斑纹，腰及尾上覆羽沾蓝。以昆虫为食。

栖息环境：栖于密林的地面或近地面处。

居留时间：3~5 月、7~10 月迁徙时经过。

雀形目 鹟科 鸲鸟属

红尾歌鸲（hóng wěi gē qú）

英文名：Rufous-tailed Robin

拉丁名：*Larvivora sibilans*

体长 13 cm。体色暗淡，眉淡褐模糊不明显，上体橄榄褐，翼尾棕，喉及胸具橄榄色扇贝形纹，腹下白。以昆虫为食。

栖息环境：常栖于森林中茂密多荫的地面或低矮植被覆盖处，占域性甚强，尾颤动有力。

居留时间：3~5 月、7~10 月迁徙时经过。

雀形目 鹟科 鸲属

红胁蓝尾鸲（hóng xié lán wěi qú）

英文名：Orange-flanked Bluetail

拉丁名：*Tarsiger cyanurus*

体长 15 cm。两胁橘黄，尾蓝色。雄鸟眉纹白。雌鸟眼先皮黄或不显。以昆虫为食。

栖息环境：见于各种环境。栖于林下低处，尾部不停地上下颤动。

居留时间：留鸟，常见。

雀形目 鹟科 啸鸫属

紫啸鸫（zǐ xiào dōng）

英文名：Blue Whistling Thrush
拉丁名：*Myophonus caeruleus*

体长 32 cm。体大，雄雌相似，通体蓝黑色，头、颈及胸具白色点斑，翼具细点斑，眼红褐，嘴黑色或黄色，脚黑色。于地面取食，受惊时慌忙逃至覆盖物下并发出尖厉的警叫声。以昆虫为食。

栖息环境： 栖于临河流、溪流或密林中的空地处。
居留时间： 不定期出现，且不常见。

雀形目　鹟科　姬鹟属

白眉姬鹟（bái méi jī wēng）

英文名：Yellow-rumped Flycatcher

拉丁名：*Ficedula zanthopygia*

体长 13 cm。雄鸟白眉粗而明显，上体除腰黄外其他深黑，下体除下腹、尾下覆羽白色外其余黄，翼黑具白斑。雌鸟无白眉，上体腰黄其余暗绿，下体淡黄，翼具两翼带。以昆虫为食。

栖息环境： 栖于有林地，在树的顶层及树间捕食昆虫。

居留时间： 3~5 月，7~10 月。

雀形目 鹟科 姬鹟属

黄眉姬鹟（huáng méi jī wēng）

英文名：Narcissus Flycatcher

拉丁名：*Ficedula narcissina*

体长 13 cm。雄鸟眉纹黄，腰黄，喉、胸橘黄色，腹下白色。翼黑具白斑，尾黑。雌鸟色纯，无眉纹，上体纯橄榄褐，翼褐，胸浅褐沾黄。尾棕色，腰无黄色。以昆虫为食。

栖息环境： 栖于有林地，在树的顶层及树间捕食昆虫。

居留时间： 3~5 月，7~10 月。

雀形目 鹟科 姬鹟属

鸲姬鹟（qú jī wēng）

英文名：Mugimaki Flycatcher

拉丁名：*Ficedula mugimaki*

体长 13 cm。雄鸟白眉狭窄于眼后，上体黑，喉、胸及腹橘黄，尾下覆羽白，翼黑具白斑，尾黑，尾基侧白。雌鸟上体包括腰褐色，喉、胸淡黄，翼具不明显翼带。以昆虫为食。

栖息环境：喜林缘地带、林间空地及山区森林。尾常抽动并扇开。

居留时间：3~5 月，7~10 月。

雀形目 鹟科 姬鹟属

红喉姬鹟（hóng hóu jī wēng）

英文名：Taiga Flycatcher

拉丁名：*Ficedula albicilla*

体长 13 cm。雄鸟喉红显著（冬季时喉红色消失），上体褐色，尾黑而基部外侧白色明显。雌鸟下体白，胸沾污，尾黑与上体颜色对比明显，且基部外侧为白色。尾长而上翘。以昆虫为食。

栖息环境：常栖于林缘及河流两岸的较小树上。有险情时冲至隐蔽处。

居留时间：3~5 月，7~10 月。

雀形目 鹟科 红尾鸲属

赭红尾鸲（zhě hóng wěi qú）

英文名：Black Redstart

拉丁名：*Phoenicurus ochruros*

体长 15 cm。雄鸟上体及翼黑（无斑），喉至胸黑，胸以下棕，尾中央黑而外侧棕。雌鸟整体烟灰色，翼无白斑，腰棕，尾中央黑而外侧棕。以昆虫为食。

栖息环境：栖于林缘、村庄附近，喜近水处。停栖时尾颤动不停。

居留时间：3~5 月、8~10 月迁徙季节偶见。

雀形目 鹟科 红尾鸲属

北红尾鸲（běi hóng wěi qú）

英文名：Daurian Redstart

拉丁名：*Phoenicurus auroreus*

体长 15 cm。雄鸟头顶灰，脸及喉黑，上体腰及尾侧红，胸以下栗红，翅黑具大白斑。雌鸟具白眼圈，上体较褐，腰及尾侧红，下体褐，尾下覆羽红，翅具白斑。以昆虫为食。

栖息环境：栖于多种环境，喜近水处。停栖时尾颤动不停。

居留时间：留鸟，常见。

雀形目 鹟科 红尾鸲属

红腹红尾鸲（hóng fù hóng wěi qú）

英文名：White-winged Redstart

拉丁名：*Phoenicurus erythrogastrus*

体长 18 cm。体形较大，雄鸟头顶白，体背及翼黑并具大翼斑，喉黑，胸以下棕红。雌鸟上体及翼淡灰，下体淡棕，整体显色纯。以昆虫为食。

栖息环境：栖于林缘、果园、公园等环境，尤喜灌丛。

居留时间：偶见于秋冬季节。性惧生而孤僻，常单独活动。

雀形目 鹟科 红尾鸲属

红尾水鸲（hóng wěi shuǐ qú）

英文名：Plumbeous Water Redstart

拉丁名：*Phoenicurus fuliginosus*

体长 14 cm。雄鸟整体深青石蓝色而无斑纹，腰、臀及尾栗褐。雌鸟下体布满灰色鳞状斑，尾基白而端黑。炫耀时停在空中振翼，尾扇开，作螺旋形飞回栖处。以昆虫为食。

栖息环境： 喜有流水的溪流及河流两旁，常停栖于水中砾石，尾常摆动。

居留时间： 3~5 月，8~10 月。单独或成对出现。

雀形目 鹟科 矶鸫属

蓝矶鸫（lán jī dōng）

英文名：Blue Rock Thrush

拉丁名：*Monticola solitarius*

体长 23 cm。两种色型：华北亚种头、胸及上体蓝色，腹部及尾下深栗色，翼及尾蓝；华南亚种全身蓝色，翅黑，尾上覆羽及尾羽蓝。雌鸟上体灰蓝，下体皮黄而密布黑色鳞状斑纹。以昆虫为食。

栖息环境：常栖于突出位置如岩石、房屋柱子及死树，冲向地面捕捉昆虫。

居留时间：3~5 月，8~11 月。常以单只或 4~5 只成小群迁徙。

雀形目 鹟科 矶鸫属

白喉矶鸫（bái hóu jī dōng）

英文名：White-throated Rock Thrush

拉丁名：*Monticola gularis*

体长 19 cm。雄鸟喉白，眉（或头顶）蓝，下体栗红，翅黑具蓝色肩羽及白翼斑。雌全体黄褐，具黑色扇贝形斑纹。以昆虫为食。甚安静而温驯，常长时间静立不动。

栖息环境： 栖于混合林、针叶林或多草的多岩地区。

居留时间： 3~5 月，8~11 月。

雀形目　鹟科　石䳭属

东亚石䳭（dōng yà shí jí）

英文名：Stejneger's Stonechat
拉丁名：*Saxicola stejnegeri*

体长 14 cm。嘴短、头圆。雄鸟头及喉黑，颈侧具白斑，胸黄褐，体背黑，腰白，尾黑。雌鸟整体黄褐，喉白，白眉模糊，体背褐染黑，腰棕，尾黑。以昆虫为食。原名黑喉石䳭。

栖息环境：喜芦苇、农田、灌丛及高草丛，立于高处，跃下地面捕食猎物。

居留时间：3~5 月，8~11 月。

雀形目 戴菊科 戴菊属

戴菊（dài jú）

英文名：Goldcrest

拉丁名：*Regulus regulus*

体长 9 cm。体形娇小，顶冠纹金黄色或橙红色（雄鸟），两侧缘具黑色侧冠纹，眼周及眼先白，整体偏绿，翼上具黑白色图案。性活跃，于树丛间飞跃，振翅迅速，如悬停空中。以昆虫为食。

栖息环境：通常独栖于针叶林的林冠下层及树丛的下层。

居留时间：11 月至次年 4 月。

雀形目 太平鸟科 太平鸟属

太平鸟（tài píng niǎo）

英文名：Bohemian Waxwing

拉丁名：*Bombycilla garrulus*

体长 18 cm。体粉褐色，具冠羽，喉黑，尾端黄，尾下覆羽栗红色，翼黑具两白斑及黄色翼线。杂食性，喜取食各种植物的种子和果实，繁殖期多取食昆虫。

栖息环境： 成群出现在公园、住宅小区及果园、林缘。群栖，喜食蔷薇果及其他浆果。

居留时间： 11 月至次年 3 月常见。

雀形目 太平鸟科 太平鸟属

小太平鸟（xiǎo tài píng niǎo）

英文名：Japanese Waxwing

拉丁名：*Bombycilla japonica*

体长 18 cm。体粉褐色，具冠羽，喉黑，尾端红，臀绯红，翼黑而羽尖绯红，无白斑及黄色翼线。杂食性，喜取食各种植物的种子和果实，繁殖期多取食昆虫。

栖息环境：成群出现在公园、住宅小区及果园、林缘。群栖，喜食蔷薇果及其他浆果。

居留时间：11 月至次年 3 月，常见。

雀形目 岩鹨科 岩鹨属

领岩鹨（lǐng yán liù）

英文名：Alpine Accentor
拉丁名：*Prunella collaris*

体长 17 cm。嘴黑而下嘴基黄，头、颈及胸灰，上体暗红具纵纹，腰红，下体两胁浓栗而具纵纹，大覆羽黑，具两道点状翼斑。飞行快速流畅，波状起伏后扎入覆盖物中。以昆虫及植物为食。

栖息环境：一般单独或成对活动，极少成群。甚不惧人。
居留时间：11 月至次年 3 月，偶见。

雀形目 岩鹨科 岩鹨属

棕眉山岩鹨（zōng méi shān yán liù）

英文名：Siberian Accentor

拉丁名：*Prunella montanella*

体长 15 cm。头部喉及眉棕黄，头顶及头侧近黑。上体红褐，下体赭黄，胁具栗红纵纹。以昆虫及植物为食。

栖息环境： 藏于树林及灌丛的林下植被。经常一边觅食一边发出叫声。

居留时间： 11 月至次年 3 月，不规律出现。

雀形目 雀科 雀属

山麻雀（shān má què）

英文名：Russet Sparrow
拉丁名：*Passer cinnamomeus*

体长 14 cm。雄鸟喉黑，脸侧白无斑，顶冠栗红，体背栗具黑纵纹，下体黄褐或白。雌鸟喉无黑斑，具形长皮黄眉纹，上体暗栗，体背具纵纹，下体自喉至尾下白沾黄。以昆虫及植物为食。

栖息环境： 出现于开阔林地、农田、村庄等多种环境。
居留时间： 留鸟。相比于麻雀较为少见。

雀形目 雀科 雀属

麻雀（má què）

英文名：Eurasian Tree Sparrow
拉丁名：*Passer montanus*

体长 14 cm。雌雄相同。喉黑，脸侧白具小黑斑，颈背具完整的灰白色领环，顶冠褐色，体背褐并具纵纹，下体黄褐或白。以昆虫及植物为食。

栖息环境：与人类关系密切，栖于有人类居住的多种环境。
居留时间：留鸟。甚为常见，广泛分布。

雀形目 鹡鸰科 山鹡鸰属

山鹡鸰（shān jí líng）

英文名：Forest Wagtail

拉丁名：*Dendronanthus indicus*

体长 17 cm。具形长的眉纹，翼黑具两道白斑，胸具“丁”字形黑斑，胸侧具弧形斑，脚肉粉色。尾轻轻向两侧摆动，不似其他鹡鸰尾上下摆动。甚驯服，受惊时作波状低飞，仅至前方几米处停下。以昆虫及植物为食。

栖息环境：单独或成对在开阔森林地面穿行，筑巢于树上。

居留时间：4~10 月。

雀形目 鹡鸰科 鹨属

北鹨（běi liù）

英文名：Pechora Pipit

拉丁名：*Anthus gustavi*

体长 15 cm。眉黄白不清，体背褐色浓重而具两道“V”字形白色纵纹，翼具两翼斑，胸、胁具粗黑纵纹，脚粉红色。以昆虫及植物为食。又名白背鹨。

栖息环境： 喜开阔的湿润草地，沿海树林、河道两侧，有时降落在树上。

居留时间： 3~5 月，7~11 月。

树鹨（shù liù）

英文名：Olive-backed Pipit
拉丁名：*Anthus hodgsoni*

体长 15 cm。眉纹白粗，脸侧具白点斑，上体橄榄绿色具纵纹，下体沾棕，胸、胁具黑色粗纵纹。翼常具两翼斑。以昆虫及植物为食。

栖息环境：常见于树林，迁徙时，见于各种有树的环境。于树下觅食，受惊飞于树上。

居留时间：11 月至次年 4 月。

雀形目 鹡鸰科 鹨属

红喉鹨（hóng hóu liù）

英文名：Red-throated Pipit
拉丁名：*Anthus cervinus*

体长 15 cm。夏羽眉纹不清晰，脸侧、颈及前胸棕红，体背黑褐具多道皮黄色纵纹，下体胁淡黄褐具纵纹，臀白，脚肉红色。冬羽时夏羽的红色退去，仅眉纹及脸侧沾棕红。以昆虫及植物为食。

栖息环境：喜湿润的耕作区、湿地、稻田。
居留时间：3~5 月，8~11 月。

雀形目 鹡鸰科 鹨属

粉红胸鹨（fěn hóng xiōng liù）

英文名：Rosy Pipit
拉丁名：*Anthus roseatus*

体长 15 cm。站姿较平，眉纹前粗后细且显著。夏羽眉纹粉红，下体粉红具不明显纵纹。冬羽粗眉为白色，背灰具黑色粗纵纹，胸及两胁具浓密的黑色点斑状纵纹。以昆虫及植物为食。

栖息环境：林缘、灌木丛、草丛、农田，通常藏隐于近水流处。
居留时间：3~10 月，不常见。

雀形目 鹡鸰科 鹨属

黄腹鹨（huáng fù liù）

英文名：Buff-bellied Pipit
拉丁名：*Anthus rubescens*

体长 15 cm。夏羽上体灰无纵纹，下体黄褐，胸、胁具纵纹，脚淡黄。冬羽上体褐色浓重，胸及两胁纵纹浓密，颈侧具近黑色的块斑。以昆虫及植物为食。

栖息环境：喜近水的草地、稻田或芦苇丛。
居留时间：3~5 月，8~11 月。

水鹨（shuǐ liù）

英文名：Water Pipit

拉丁名：*Anthus spinoletta*

体长 15 cm。头与体背色较一致而少纵纹。夏羽眉纹粉红，下体体色偏粉，无或有少量纵纹，脚黑色。冬羽眉纹皮黄或白，胸及两胁具浓密的黑色点斑或纵纹，脚粉红色。以昆虫及植物为食。

栖息环境：喜近水的草地、农田、稻田附近。

居留时间：3~5 月，8~11 月。

雀形目 鹡鸰科 鹨属

田鹨（tián liù）

英文名：Richard's Pipit

拉丁名：*Anthus richardi*

体长 18 cm。脚长，站姿直，显体高，仅胸部有纵纹。嘴粗短，眉纹皮黄，具极细髭纹，胸、胁棕黄，胸具黑纵纹，脚粉红而长，后爪甚长、肉色。以昆虫及植物为食。又名理氏鹨。

栖息环境：常见于开阔盐碱地或有浅草的大坝。单独或成小群活动。站在地面时姿势甚直。飞行呈波状，每次跌飞均发出叫声。

居留时间：3~5 月，8~11 月。

雀形目 鹡鸰科 鹨属

布氏鹨（bù shì liù）

英文名：Blyth's Pipit

拉丁名：*Anthus godlewskii*

体长 18 cm。甚似田鹨，但嘴、脚更短，仅胸部有纵纹，背部纵纹清晰。以昆虫及植物为食。

栖息环境： 喜农田、旷野或近水的草地。

居留时间： 3~5 月，8~11 月。与田鹨比更为少见。

雀形目 鹡鸰科 鹡鸰属

黄鹡鸰（huáng jí líng）

英文名：Eastern Yellow Wagtail

拉丁名：*Motacilla tschutschensis*

体长 18 cm。嘴、脚黑。腰与体背颜色一致，下体鲜黄。头部、眉纹及喉部颜色不同而有多个亚种：台湾亚种头与上体颜色一致为橄榄绿，眉黄、喉黄；东北亚种头黑、无眉纹，颏白而喉黄；堪察加亚种头灰，眉白，喉黄。雄鸟臀部黄色，雌鸟及亚成鸟臀部白色。以昆虫及植物为食。

栖息环境：常见于水边、稻田、浅水池塘及水域岸边。

居留时间：3~5 月，8~11 月。黄河口为台湾亚种、堪察加亚种。

雀形目 **鹡鸰科** **鹡鸰属**

灰鹡鸰（huī jí líng）

英文名：Gray Wagtail

拉丁名：*Motacilla cinerea*

体长 19 cm。上体体背灰而腰黄，下体、臀及腰鲜黄，脚肉色。冬羽眉纹白，喉白。夏羽喉黑，有白色颚纹。以昆虫及植物为食。

栖息环境：喜近水的沼泽、农田或公园等生境。

居留时间：3~5 月，8~11 月。

雀形目 鹡鸰科 鹡鸰属

黄头鹡鸰（huáng tóu jí líng）

英文名：Citrine Wagtail

拉丁名：*Motacilla citreola*

体长 19 cm。雄鸟头及下体艳黄色，体背及腰灰，翼缘白，脚黑褐。雌鸟脸及下体黄色，并有灰色耳羽，上体橄榄绿，下体胁沾污，翼具两道斑。以昆虫及植物为食。

栖息环境：常见于水边及庄稼地，成群觅食于草地、池塘。

居留时间：3~5 月，8~11 月。

雀形目 鹡鸰科 鹡鸰属

白鹡鸰（bái jí líng）

英文名：White Wagtail

拉丁名：*Motacilla alba*

体长 20 cm。额、脸及喉白，后枕黑，体背灰，腰及尾黑。下体白，胸具黑块，肩羽黑，翼覆羽外缘黑、内侧白，脚黑色。以昆虫及植物为食。有 7 个亚型。有的书将亚种提升为不同种。

栖息环境：栖于近水的开阔地带、稻田、溪流边及道路上。受惊扰时飞行骤降并发出示警叫声。

居留时间：留鸟。

雀形目 **燕雀科** **燕雀属**

燕雀（yàn què）

英文名：Brambling

拉丁名：*Fringilla montifringilla*

体长 16 cm。雄鸟嘴黄尖黑，头顶至颈背黑（非繁殖期黑色变淡），腰白，喉、胸橙黄，腹下白，胁棕具黑点斑，翼黑，具棕色肩羽、翼带。雌鸟头部灰褐，颈侧灰，头顶至后颈黑，且喉、胸橙黄色淡。喜跳跃和波状飞行。成对或小群活动。于地面或树上取食，以植物种子、谷类为食。

栖息环境：常见于农田、行道树。冬季成小群落于树林中。

居留时间：留鸟。

雀形目 燕雀科 锡嘴雀属

锡嘴雀（xī zuǐ què）

英文名：Hawfinch

拉丁名：*Coccothraustes coccothraustes*

体长 15 cm。嘴形粗大，眼先、嘴基及颏黑，颈侧及后颈灰，尾短，整体偏褐色，翼具白色大翼斑。通常惧生而安静。以植物种子、谷类为食。

栖息环境：常见于农田、行道树。冬季成小群落于树林中。

居留时间：3~5 月，8~11 月。

雀形目 燕雀科 蜡嘴雀属

黑尾蜡嘴雀（hēi wěi là zuǐ què）

英文名：Chinese Grosbeak

拉丁名：*Eophona migratoria*

体长 17 cm。雄鸟黄嘴硕大而端黑，具黑色头罩，整体沙褐色或偏灰，胁部棕褐，翼黑具小白斑，翼尖白。雌鸟头部黑色，头罩几无，仅嘴周染黑。以植物种子、谷类为食。

栖息环境：常见于林地、果园、公园绿地，从不见于密林。冬季成小群觅食柏树的种子。

居留时间：留鸟。

雀形目 燕雀科 蜡嘴雀属

黑头蜡嘴雀（hēi tóu là zuǐ què）

英文名：Japanese Grosbeak

拉丁名：*Eophona personata*

体长 17 cm。雌雄同色，嘴黄无黑色，具黑色头罩，整体沙褐，肋部无棕褐，翼黑具小白斑。通常结小群活动。甚惧生而安静。以植物种子、谷类为食。

栖息环境：常见于林地、果园、公园绿地。

居留时间：留鸟。

雀形目 燕雀科 朱雀属

普通朱雀（pǔ tōng zhū què）

英文名：Common Rosefinch

拉丁名：*Carpodacus erythrinus*

体长 15 cm。雄鸟头部及胸红色鲜亮、无眉纹，腹及尾下覆羽白。雌鸟色暗淡，胸、肋具纵纹。单独、成对或结小群活动。飞行呈波状。以植物种子、谷类为食。

栖息环境：常见于林间空地、灌丛及溪流旁。

居留时间：3~4 月，7~11 月。

雀形目 燕雀科 朱雀属

长尾雀（cháng wěi què）

英文名：Long-tailed Rosefinch
拉丁名：*Carpodacus sibiricus*

体长 17 cm。嘴粗短，黑尾长而外侧白，翼黑具两白翼带。雄鸟脸粉红，耳羽染霜白，腰及下体粉红，腹中央白。雌鸟粉红色变为暗淡色，并多具纵纹。以植物种子、谷类为食。

栖息环境：喜近水的灌丛、农田，成鸟常单独或成对活动，幼鸟结群。
居留时间：11 月至次年 4 月。

雀形目 燕雀科 金翅雀属

金翅雀（jīn chì què）

英文名：Oriental Greenfinch

拉丁名：*Chloris sinica*

体长 13 cm。眼先污黑，翼黑具宽阔的黄色翼斑及白斑，尾黑，外侧尾羽基部白，下体黄沾棕，臀及腰部黄。雌鸟色暗，体背橄榄褐色具纵纹，黄翼斑较小。以植物种子、谷类为食。

栖息环境：常成对或成群见于灌丛、旷野、人工林、林园及林缘地带。

居留时间：夏季常见，冬季成小群。

雀形目　燕雀科　白腰朱顶雀属

白腰朱顶雀（bái yāo zhū dǐng què）

英文名：Common Redpoll

拉丁名：*Acanthis flammea*

体长 14 cm。嘴黄而尖短，头顶具红点斑，上体色较灰褐，翼黑具一道横斑。雄鸟下体胸粉红或具鳞斑，胁具纵纹，腹白。雌鸟胸无粉红。飞翔时为快速的冲跃式飞行。以植物种子、谷类为食。

栖息环境：多见于树林、灌丛以及芦苇地。结群而栖，多在地面取食，受惊时飞至高树顶部。

居留时间：11 月至次年 4 月。

雀形目 燕雀科 黄雀属

黄雀（huáng què）

英文名：Eurasian Siskin

拉丁名：*Spinus spinus*

体长 12 cm。体形甚小，整体黄色，翼黑具两道黄色翼带，尾黑而基黄。雄鸟顶冠及颏黑色，耳羽外缘黄，胸黄，肋具黑纵纹。雌鸟顶冠和颏无黑色，胸侧及肋具纵纹。以植物种子、谷类为食。

栖息环境：结群于榆树、柳树上觅食。冬季结大群作波状飞行。觅食似山雀且活泼好动。

居留时间：11 月至次年 4 月。

雀形目 铁爪鹀科 铁爪鹀属

铁爪鹀（tiě zhǎo wú）

英文名：Lapland Longspur

拉丁名：*Calcarius lapponicus*

体长 16 cm。嘴黄而尖黑，深褐色脚短，显体形矮实。雄鸟繁殖期脸及胸黑，颈背棕色，头侧具白色的“之”字形图纹。雌鸟上体红褐具纵纹，眉纹皮黄，颈背及大覆羽红褐，侧冠纹略黑，胁具纵纹。于地面奔跑、行走或跳动，停栖于地面或砾石，习性似百灵。以植物种子、谷类为食。

栖息环境：栖息于草地、沼泽地、平原田野、稀疏林土地。

居留时间：11 月至次年 4 月。

雀形目 鹀科 鹀属

栗耳鹀（lì ěr wú）

英文名：Chestnut-eared Bunting
拉丁名：*Emberiza fucata*

体长 16 cm。雄鸟耳羽栗红，颊纹白，黑髭纹融入胸环，胸具纵纹下接栗色胸环，两胁棕具纵纹。雌鸟羽色淡，胸无栗色胸环。以植物种子、谷类为食。

栖息环境：喜浓密的灌木丛、林缘及近水处树丛，常结成小群。
居留时间：3~4 月，7~11 月。

雀形目 鹀科 鹀属

三道眉草鹀（sān dào méi cǎo wú）

英文名：Meadow Bunting

拉丁名：*Emberiza cioides*

体长 16 cm。头部具白眉纹、白颊纹与黑颚纹三道纹。繁殖季节雄鸟体色艳丽，常站于高处鸣叫，冬季体色较灰褐，成小群栖于灌木丛，夏季以蝗虫、棉铃虫等昆虫为食，冬季主食植物种子。

栖息环境：常见于农耕地、林缘地带。

居留时间：留鸟。

雀形目 鹀科 鹀属

灰眉岩鹀（huī méi yán wú）

英文名：Godlewski's Bunting

拉丁名：*Emberiza godlewskii*

体长 17 cm。头及前胸灰，侧冠纹褐，眉白，贯眼纹眼先黑眼后褐，颊纹黑，腹以下棕无纵纹。以昆虫为食，偶食植物。原名戈氏岩鹀，由灰眉岩鹀亚种提升为种。

栖息环境：喜干燥而多岩石的坡地、森林、多灌丛的沟壑深谷，以及农耕地。

居留时间：3~4 月，8~12 月。

白头鹀（bái tóu wú）

英文名：Pine Bunting
拉丁名：*Emberiza leucocephalos*

体长 17 cm。雄鸟头部栗红色，具明显月牙形白斑。雌鸟上体淡红褐，胸、胁具暗红纵纹，头顶杂白斑，眼下具月牙形。以草籽、谷物为主要食物。

栖息环境： 喜林缘、林间空地和火烧过或砍伐过的针叶林或混交林。越冬在农耕地、荒地及果园。

居留时间： 11 月至次年 3 月，不定期出现。

雀形目 鹀科 鹀属

黄喉鹀（huáng hóu wú）

英文名：Yellow-throated Bunting

拉丁名：*Emberiza elegans*

体长 15 cm。雄鸟喉黄，侧冠纹黄，脸部具黑色脸罩，羽冠黑褐，具黑色三角形胸块。雌鸟体色较淡，无胸块，喉淡黄，脸罩淡褐，羽冠淡褐，侧冠纹淡黄。以草籽、谷物为主要食物。

栖息环境： 喜各种有草的地方，如公园草地、树林的灌木丛中，发出流水似的鸣叫。

居留时间： 10 月至次年 4 月。

雀形目 鹀科 鹀属

红颈苇鹀（hóng jǐng wěi wú）

英文名：Japanese Reed Bunting

拉丁名：*Emberiza yessoensis*

体长 14 cm。雄鸟繁殖期头黑，无白色的下髭纹，非繁殖期仅脸侧黑，棕色的颈背与胁部相连，呈“S”形。雌鸟棕色的头顶、颈背与胁部相连，眉纹棕黄，耳羽缘黑，喉白。以草籽、谷物为主要食物。

栖息环境：喜芦苇地及低矮灌丛。

居留时间：10 月至次年 4 月。

雀形目 鹀科 鹀属

芦鹀（lú wú）

英文名：Common Reed Bunting

拉丁名：*Emberiza schoeniclus*

体长 14 cm。雄鸟繁殖时头黑，白色颊纹与白颈环相连，嘴黑且呈圆凸形，无眉纹，小覆羽棕；非繁殖时头黑色退去，耳羽褐，有皮黄眉纹。雌鸟头部无黑色而是棕色。以昆虫为食，偶食植物。

栖息环境：常见于芦苇地，经常在收过的棉花地里成群觅食。尤喜近水的芦苇丛。

居留时间：11 月至次年 5 月。

雀形目 鹀科 鹀属

苇鹀（wěi wú）

英文名：Pallas's Reed Bunting
拉丁名：*Emberiza pallasi*

体长 14 cm。与芦鹀相似，区别在上嘴形平直而非凸形，小覆羽灰，体羽显灰。以草籽、谷物为主要食物。

栖息环境：常见于芦苇地，经常在收过的棉花地里成群觅食。尤喜近水的芦苇丛。

居留时间：11 月至次年 5 月。

雀形目 鹀科 鹀属

田鹀（tián wú）

英文名：Rustic Bunting

拉丁名：*Emberiza rustica*

体长 14 cm。具粗白眉，略具黑色羽冠，红色胸带，胁具红褐粗纵纹，腰红，并具独特褐红鳞纹。雌鸟体色较淡褐，黑色羽冠变为褐色并具细纵纹。以草籽、谷物为主要食物。

栖息环境：栖于灌丛及林缘，越冬于开阔地带、人工林地及公园。

居留时间：10 月至次年 4 月。

备注：世界易危（VU）。

雀形目 鹀科 鹀属

小鹀（xiǎo wú）

英文名：Little Bunting
拉丁名：*Emberiza pusilla*

体长 13 cm。体小，栗红色的眼先与耳羽相连。以草籽、谷物为主要食物。

栖息环境： 藏隐于浓密覆盖的草地、灌木丛及芦苇地，春季则聚于树上不停地鸣叫。

居留时间： 10 月至次年 4 月。

雀形目 鹀科 鹀属

灰头鹀（huī tóu wú）

英文名：Black-faced Bunting

拉丁名：*Emberiza spodocephala*

体长 14 cm。雄鸟头、颈、胸灰，眼先及颏黑，无眉纹，下体淡黄或白，胸侧及两胁具纵纹。雌鸟上体褐灰，淡眉纹不明显，颊纹皮黄色，耳羽较灰。以草籽、谷物为主要食物。

栖息环境：喜栖于芦苇地、灌丛及林缘。不断地弹尾以显露外侧尾羽的白色羽缘。

居留时间：3~4 月，7~11 月。

备注：有 3 个亚种，黄河口为指名亚种。西南亚种头颈橄榄绿色。日本亚种雄鸟头、颈、胸暗绿灰，眉纹细弱呈黄色，颊纹黄色，下体（包括喉部）黄；雌鸟头、脸黄褐，具黑色细纹，眉黄白色，颊纹黑褐。

雀形目 鹀科 鹀属

栗鹀（lì wú）

英文名：Chestnut Bunting
拉丁名：*Emberiza rutila*

体长 15 cm。雄鸟头、上体及胸栗色而腹部黄色，胁有不明显细纵纹，腰栗红。雌鸟下体黄，胸、胁具细黑纵纹，腰棕红色并有淡羽缘，无翼斑，尾部无白色外缘。以草籽、谷物为主要食物。

栖息环境：常成对见于树林、庄稼地及低矮灌丛。
居留时间：3~5 月，7~11 月。

雀形目 鹀科 鹀属

黄眉鹀（huáng méi wú）

英文名：Yellow-browed Bunting

拉丁名：*Emberiza chrysophrys*

体长 15 cm。雄鸟头黑喉白，白颊纹粗，眉纹前黄后白，耳羽后具白色点斑。雌鸟体色较淡，耳羽褐，黑色下颊纹较散并融入胸部纵纹中。以草籽、谷物为主要食物。

栖息环境：大群见于树林边缘、次生灌丛及沿海草地。落地觅食，受惊则飞到树上。

居留时间：11 月至次年 4 月。

雀形目 鹀科 鹀属

白眉鹀（bái méi wú）

英文名：Tristram's Bunting

拉丁名：*Emberiza tristrami*

体长 15 cm。雄鸟头黑，具白顶冠纹、眉纹及颊纹，胸、胁红褐，纵纹不明显。雌鸟头部纹线似雄鸟但暗淡且不完整，耳羽褐色而外缘黑，喉白而具细纵纹。以草籽、谷物为主要食物。

栖息环境：见于浓密的灌木丛中，常结成小群。

居留时间：3~5 月，7~11 月。

第五章 新增鸟种

鸟种增补说明

1. 粉红背鹈鹕：2011 年有唯一的一次野外记录，也是目前中国唯一的记录（未被列入中国鸟类名录）。

2. 豆雁：郑四版将豆雁亚种提升为短嘴豆雁种而新增记录。

3. 大红鹳：2016 年后发现的新记录。

4. 欧金鸻：郑四版新增鸟种，与金鸻混群，以前因未作为新种而忽略。

5. 黑头鸭：2023 年新记录。

6. 日本鹡鸰：郑四版将白鹡鸰亚种提升为种而增加的鸟类新记录。

7. 中华仙鹟：由蓝喉仙鹟亚种提升为种，黄河口 2020 年首次记录。

8. 棕脸鹟莺：2023 年 3 月黄河口首次记录。

9. 斑胸滨鹬：2023 年 4 月黄河口首次记录。

10. 水雉：2024 年 4 ～ 5 月黄河口首次记录。国家二级保护鸟类。

11. 暗灰鹃鵙：2022 年 5 月黄河口首次记录。

12. 黑浮鸥：非繁殖羽个体偶有记录，混群于普通燕鸥中。国家二级保护鸟类。

13. 爪哇金丝燕：2024 年 8 月黄河口首次记录。国家二级保护鸟类。

鹈形目 鹈鹕科 鹈鹕属

粉红背鹈鹕（fěn hóng bèi tí hú）

英文名：Pink-backed Pelican

拉丁名：*Pelecanus rufescens*

体长 150 cm，相比其他鹈鹕体形略小，体羽红褐，体背及翼下粉红，喉囊黄色具横纹，脚粉红。常与卷羽鹈鹕混群。觅食时张嘴，以囊袋捞入大量水，滤去水后吞食其中的鱼。飞行时颈部回收，呈“S”形。

栖息环境：芦苇沼泽、近海滩涂。

居留时间：2011 年 10 月黄河口唯一的一次记录，在此停歇 15~20 天。

备注：黄河口的记录也是中国唯一的野外目击记录。目前，未被列入中国鸟类名录。

雁形目　鸭科　雁属

豆雁（dòu yàn）

英文名：Bean Goose

拉丁名：*Anser fabalis*

体长 80 cm。嘴黑具橘黄色次端带，脚橘黄。亚成鸟嘴基常具白色狭线。以植物为食。

栖息环境： 成群栖于浅水芦苇丛、滩涂或草地、农田，冬季常到麦田觅食，取食麦苗。

居留时间： 10 月中旬至次年 3 月在此越冬。

备注： 郑四版将豆雁亚种提升为短嘴豆雁。两者在黄河口混群。

红鹳目 红鹳科 火烈鸟属

大红鹳（dà hóng guàn）

英文名：Greater Flamingo

拉丁名：*Phoenicopterus roseus*

体长 130 cm。嘴粉红、端黑下弯，颈甚长，腿长呈红色，两翼偏红。亚成鸟浅褐色，嘴灰色。飞行时颈及脚伸直。觅食时嘴往两边甩动，用过滤式喙捕食水中的小型无脊椎动物及藻类等。

栖息环境：栖于淡水河流、芦苇沼泽、浅水池塘、咸水沼泽等多种环境。

居留时间：2016 年 11 月年首次记录，此后于 1 月、3 月、4 月、9~11 月有多次记录，数量 1~4 只。

备注：国家二级保护鸟类，CITES-II。又名大火烈鸟。

鸻形目 鸻科 金鸻属

欧金鸻（ōu jīn héng）

英文名：European Golden-Plover
拉丁名：*Pluvialis apricaria*

体长 25 cm。上体金黄色，具黑色羽斑，下体黑，“S”型白斑从头部延伸至侧翼，腿灰色。飞翔时翼下白色。以昆虫、蠕虫、软体动物为食。与金鸻区别为：“S”型白斑由脸侧至腹下；飞翔时翼下白色；腿显短。

栖息环境： 栖于沿海滩涂、沙滩、池塘及内陆开阔草地、农田。

居留时间： 4~9 月。常单独或成对活动，与金鸻混群。

备注： 郑四版新增鸟种（由周志浩拍摄、提供）。

雀形目 䴓科 䴓属

黑头䴓（hēi tóu shī）

英文名：Chinese Nuthatch

拉丁名：*Sitta villosa*

体长 12 cm。头顶漆黑，眉纹雪白，上体蓝灰，下体从淡灰到橙红，雌雄异型明显。喜松林、针叶林，啄食树皮中的昆虫。飞行起伏呈波状。偶尔于地面取食。成对或结小群活动。

栖息环境： 喜混交林、阔叶林及多树公园。

居留时间： 11 月至次年 3 月，不常见。2023 年新记录。

雀形目 鹡鸰科 鹡鸰属

日本鹡鸰（rì běn jí líng）

英文名：Japanese Wagtail

拉丁名：*Motacilla grandis*

体长 20 cm。头及上体、尾黑色，具白额及白眉，颏具白斑，脚黑色。以昆虫及植物为食。由白鹡鸰亚种提升为种。

栖息环境：栖于近水的开阔地带、稻田、溪流边及道路上。受惊扰时飞行骤降并发出示警叫声。

居留时间：夏候鸟。

雀形目 鹟科 蓝仙鹟属

中华仙鹟（zhōng huá xiān wēng）

英文名：Chinese Blue Flycatcher
拉丁名：*Cyornis glaucicomans*

体长 14 cm。雄鸟头及上体深蓝色，额头及眉纹蓝色，喉央至胸橙红色。雌鸟以暖棕色为主，喉部淡黄色，胸部橙红色，两胁棕色。以昆虫为食。由蓝喉仙鹟亚种提升为种，区别在喉央至胸橙红色。

栖息环境：常见于有树的各种环境。从栖处捕食昆虫。

居留时间：3~5 月迁徙时可见。黄河口 2020 年首次记录。

雀形目 树莺科 拟鹟莺属

棕脸鹟莺 (zōng liǎn wēng yīng)

英文名：Rufous-faced Warbler

拉丁名：*Abroscopus albogularis*

体长 10 cm。形态胖圆，头栗色，具黑色侧冠纹，喉白具杂黑色点斑并具下颏纹。上体绿色，腰黄色，无翼斑。脚淡粉色。以小型无脊椎动物为食，活跃于下层植被中。

栖息环境： 常见于有树的各种环境。从栖处捕食昆虫。

居留时间： 3~5 月迁徙时可见。黄河口 2023 年首次记录。

鸻形目　鹬科　滨鹬属

斑胸滨鹬（bān xiōng bīn yù）

英文名：Pectoral Sandpiper

拉丁名：*Calidris melanotos*

体长 22 cm。头顶红褐，具白眉，嘴细长下弯，嘴基黄色其余黑色，胸具细纵纹并于胸部整齐断开，脚黄。以昆虫、蜘蛛、底栖生物及无脊椎动物为食，偶食种子。

栖息环境：盐池、浅水池塘、近海滩涂。

居留时间：罕见过境鸟。黄河口 2023 年 4~5 月首次记录。

鸻形目　水雉科　水雉属

水雉（shuǐ zhì）

英文名：Pheasant-tailed Jacana
拉丁名：*Hydrophasianus chirurgus*

体长 33 cm。具形长的尾，胸侧及胸白，后颈金黄，体背棕褐，下体胸以下黑，爪形细长。翼白，外缘黑，飞翔时明显。非繁殖时下体黑色退去，无长尾，颈侧至前胸有黑斑块。单独或成小群活动，善行走，能在水面植物上奔跑和停歇，也擅长游泳和潜水。以昆虫、虾、软体动物等小型无脊椎动物和水生植物为食。国家二级保护鸟类。

栖息环境：长有挺水植物和漂浮植物的池塘、沼泽。
居留时间：南方常见。黄河口 2024 年 4~5 月首次记录。

雀形目 山椒鸟科 鸣鹃鵙属

暗灰鹃鵙（àn huī juān jú）

英文名：Black-winged Cuckooshrike

拉丁名：*Lalage melaschistos*

体长 23 cm。雄鸟青灰色，两翼及尾亮黑，尾下覆羽白色，尾外侧羽尖白色。雌鸟似雄鸟，但色浅，下体具白色横斑，翼上通常具一小块白斑。以昆虫为食，偶食果实。

栖息环境： 栖于有林地、天然林。

居留时间： 黄河口 2022 年 5 月首次记录。

鸻形目 鸥科 浮鸥属

黑浮鸥（hēi fú ōu）

英文名：Black Tern

拉丁名：*Chlidonias niger*

体长 24 cm。繁殖羽头及下体黑，嘴黑尖细，臀下白，上体青灰，两翼及尾亮黑，翼下白。非繁殖羽头及下体黑色消失，眼后侧具大斑，翼前胸侧具黑斑。常在水面低空飞翔，在水面啄食。以无脊椎动物、昆虫和小鱼为食。国家二级保护鸟类。

栖息环境：栖于淡水沼泽、池塘、潮沟泥滩。

居留时间：黄河口偶有非繁殖羽个体记录，与普通燕鸥等混群。

夜鹰目 雨燕科 金丝燕属

爪哇金丝燕（zhǎo wā jīn sī yàn）

英文名：Germain's Swiftlet
拉丁名：*Aerodramus fuciphagus*

体长 12 cm。上体黑褐，腰灰白色，叉尾黑褐；下体灰白，腹部具横纹。飞翔时以其深色的羽毛和独特的飞行技巧著称，且灰白色腰与上体对比明显。以昆虫为食，出现于多种环境。国家二级保护鸟类。

栖息环境：终日沿着海边区域飞行捕食飞虫，几乎很少休息，使用“咔哒”声进行回声定位，捕食空中昆虫。

居留时间：黄河口于 2024 年 8 月由蔡锦添拍摄记录。

备注：分布于东南亚地区，近几年华东沿海大量记录，江苏省、山东省日照市常有记录。

附录 I　黄河口重点保护鸟类名录

序号	中文名	学名	英文名
国家一级			
1	中华秋沙鸭	*Mergus squamatus*	Scaly-sided Merganser
2	青头潜鸭	*Aythya baeri*	Baer's Pochard
3	白鹤	*Leucogeranus leucogeranus*	Siberian Crane
4	白枕鹤	*Antigone vipio*	White-naped Crane
5	丹顶鹤	*Grus japonensis*	Red-crowned Crane
6	白头鹤	*Grus monacha*	Hooded Crane
7	大鸨	*Otis tarda*	Great Bustard
8	黑鹳	*Ciconia nigra*	Black Stork
9	东方白鹳	*Ciconia boyciana*	Oriental Stork
10	黑脸琵鹭	*Platalea minor*	Black-faced Spoonbill
11	黄嘴白鹭	*Egretta eulophotes*	Chinese Egret
12	卷羽鹈鹕	*Pelecanus crispus*	Dalmatian Pelican
13	白鹈鹕	*Pelecanus onocrotalus*	Great White Pelican
14	勺嘴鹬	*Calidris pygmaea*	Spoon-billed Sandpiper
15	小青脚鹬	*Tringa guttifer*	Spotted Greenshank
16	黑嘴鸥	*Chroicocephalus saundersi*	Saunders's Gull
17	遗鸥	*Ichthyaetus relictus*	Relict Gull
18	秃鹫	*Aegypius monachus*	Cinereous Vulture
19	乌雕	*Clanga clanga*	Greater Spotted Eagle
20	草原雕	*Aquila nipalensis*	Steppe Eagle
21	白肩雕	*Aquila heliaca*	Imperial Eagle
22	金雕	*Aquila chrysaetos*	Golden Eagle
23	玉带海雕	*Haliaeetus leucoryphus*	Pallas's Fish Eagle
24	白尾海雕	*Haliaeetus albicilla*	White-tailed Sea Eagle
25	猎隼	*Falco cherrug*	Saker Falcon
26	黄胸鹀	*Emberiza aureola*	Yellow-breasted Bunting
国家二级			
1	疣鼻天鹅	*Cygnus olor*	Mute Swan
2	大天鹅	*Cygnus cygnus*	Whooper Swan
3	小天鹅	*Cygnus columbianus*	Tundra Swan

（续表）

序号	中文名	学名	英文名
4	鸿雁	*Anser cygnoides*	Swan Goose
5	白额雁	*Anser albifrons*	Greater White-fronted Goose
6	小白额雁	*Anser erythropus*	Lesser White-fronted Goose
7	斑头秋沙鸭	*Mergellus albellus*	Smew
8	鸳鸯	*Aix galericulata*	Mandarin Duck
9	花脸鸭	*Sibirionetta formosa*	Baikal Teal
10	赤颈䴙䴘	*Podiceps grisegena*	Red-necked Grebe
11	角䴙䴘	*Podiceps auritus*	Horned Grebe
12	黑颈䴙䴘	*Podiceps nigricollis*	Black-necked Grebe
13	大红鹳	*Phoenicopterus roseus*	Greater Flamingo
14	爪哇金丝燕	*Aerodramus fuciphagus*	Germain's Swiftlet
15	小鸦鹃	*Centropus bengalensis*	Lesser Coucal
16	花田鸡	*Coturnicops exquisitus*	Swinhoe's Rail
17	斑胁田鸡	*Porzana paykullii*	Band-bellied Crake
18	沙丘鹤	*Antigone canadensis*	Sandhill Crane
19	蓑羽鹤	*Grus virgo*	Demoiselle Crane
20	灰鹤	*Grus grus*	Common Crane
21	白琵鹭	*Platalea leucorodia*	Eurasian Spoonbill
22	海鸬鹚	*Phalacrocorax pelagicus*	Pelagic Cormorant
23	水雉	*Hydrophasianus chirurgus*	Pheasant-tailed Jacana
24	小杓鹬	*Numenius minutus*	Little Curlew
25	白腰杓鹬	*Numenius arquata*	Eurasian Curlew
26	大杓鹬	*Numenius madagascariensis*	Far Eastern Curlew
27	翻石鹬	*Arenaria interpres*	Ruddy Turnstone
28	大滨鹬	*Calidris tenuirostris*	Great Knot
29	阔嘴鹬	*Calidris falcinellus*	Broad-billed Sandpiper
30	半蹼鹬	*Limnodromus semipalmatus*	Asian Dowitcher
31	黑浮鸥	*Chlidonias niger*	Black Tern
32	草鸮	*Tyto longimembris*	Eastern Grass Owl
33	日本鹰鸮	*Ninox japonica*	Northern Boobook
34	纵纹腹小鸮	*Athene noctua*	Little Owl
35	北领角鸮	*Otus semitorques*	Japanese Scops Owl

（续表）

序号	中文名	学名	英文名
36	红角鸮	*Otus sunia*	Oriental Scops Owl
37	长耳鸮	*Asio otus*	Long-eared Owl
38	短耳鸮	*Asio flammeus*	Short-eared Owl
39	雕鸮	*Bubo bubo*	Northern Eagle-owl
40	鹗	*Pandion haliaetus*	Osprey
41	黑翅鸢	*Elanus caeruleus*	Black-shouldered Kite
42	凤头蜂鹰	*Pernis ptilorhynchus*	Oriental Honey Buzzard
43	短趾雕	*Circaetus gallicus*	Short-toed Snake Eagle
44	赤腹鹰	*Accipiter soloensis*	Chinese Sparrowhawk
45	日本松雀鹰	*Accipiter gularis*	Japanese Sparrowhawk
46	松雀鹰	*Accipiter virgatus*	Besra
47	雀鹰	*Accipiter nisus*	Eurasian Sparrowhawk
48	苍鹰	*Accipiter gentilis*	Northern Goshawk
49	白腹鹞	*Circus spilonotus*	Eastern Marsh Harrier
50	白尾鹞	*Circus cyaneus*	Hen Harrier
51	鹊鹞	*Circus melanoleucos*	Pied Harrier
52	黑鸢	*Milvus migrans*	Black Kite
53	灰脸鵟鹰	*Butastur indicus*	Grey-faced Buzzard
54	毛脚鵟	*Buteo lagopus*	Rough-legged Hawk
55	大鵟	*Buteo hemilasius*	Upland Buzzard
56	普通鵟	*Buteo japonicus*	Eastern Buzzard
57	黄爪隼	*Falco naumanni*	Lesser Kestrel
58	红隼	*Falco tinnunculus*	Common Kestrel
59	红脚隼	*Falco amurensis*	Eastern Red-footed Falcon
60	灰背隼	*Falco columbarius*	Merlin
61	燕隼	*Falco subbuteo*	Hobby
62	游隼	*Falco peregrinus*	Peregrine Falcon
63	云雀	*Alauda arvensis*	Eurasian Skylark
64	蒙古百灵	*Melanocorypha mongolica*	Mongolian Lark
65	震旦鸦雀	*Paradoxornis heudei*	Reed Parrotbill
66	红胁绣眼鸟	*Zosterops erythropleurus*	Chestnut-flanked White-eye
67	蓝喉歌鸲	*Luscinia svecica*	Bluethroat

序号	中文名	学名	英文名
68	红喉歌鸲	*Calliope calliope*	Siberian Rubythroat
69	北朱雀	*Carpodacus roseus*	Pallas's Rosefinch
70	红交嘴雀	*Loxia curvirostra*	Red Crossbill
IUCN－极危 CR			
1	青头潜鸭	*Aythya baeri*	Baer's Pochard
2	白鹤	*Leucogeranus leucogeranus*	Siberian Crane
3	勺嘴鹬	*Calidris pygmaea*	Spoon-billed Sandpiper
4	黄胸鹀	*Emberiza aureola*	Yellow-breasted Bunting
IUCN－濒危 EN			
1	中华秋沙鸭	*Mergus squamatus*	Scaly-sided Merganser
2	大鸨	*Otis tarda*	Great Bustard
3	东方白鹳	*Ciconia boyciana*	Oriental Stork
4	黑脸琵鹭	*Platalea minor*	Black-faced Spoonbill
5	小青脚鹬	*Tringa guttifer*	Spotted Greenshank
6	草原雕	*Aquila nipalensis*	Steppe Eagle
7	玉带海雕	*Haliaeetus leucoryphus*	Pallas's Fish Eagle
8	猎隼	*Falco cherrug*	Saker Falcon
9	鸿雁	*Anser cygnoides*	Swan Goose
10	大杓鹬	*Numenius madagascariensis*	Far Eastern Curlew
11	大滨鹬	*Calidris tenuirostris*	Great Knot
IUCN－易危 VU			
1	田鹀	*Emberiza rustica*	Rustic Bunting
2	红头潜鸭	*Aythya ferina*	Common Pochard
3	长尾鸭	*Clangula hyemalis*	Long-tailed Duck
4	三趾鸥	*Rissa tridactyla*	Black-legged Kittiwake
5	尖尾滨鹬	*Calidris acuminata*	Sharp-tailed Sandpiper
6	远东苇莺	*Acrocephalus tangorum*	Manchurian Reed Warbler
7	白颈鸦	*Corvus torquatus*	Collared Crow
8	白枕鹤	*Antigone vipio*	White-naped Crane
9	丹顶鹤	*Grus japonensis*	Red-crowned Crane
10	白头鹤	*Grus monacha*	Hooded Crane
11	黄嘴白鹭	*Egretta eulophotes*	Chinese Egret

（续表）

序号	中文名	学名	英文名
12	黑嘴鸥	*Chroicocephalus saundersi*	Saunders's Gull
13	遗鸥	*Ichthyaetus relictus*	Relict Gull
14	乌雕	*Clanga clanga*	Greater Spotted Eagle
15	白肩雕	*Aquila heliaca*	Imperial Eagle
16	小白额雁	*Anser erythropus*	Lesser White-fronted Goose
17	角䴙䴘	*Podiceps auritus*	Horned Grebe
18	花田鸡	*Coturnicops exquisitus*	Swinhoe's Rail
CITES－附录 I			
1	卷羽鹈鹕	*Pelecanus crispus*	Dalmatian Pelican
2	遗鸥	*Ichthyaetus relictus*	Relict Gull
3	白尾海雕	*Haliaeetus albicilla*	White-tailed Sea Eagle
4	游隼	*Falco peregrinus*	Peregrine Falcon
5	白鹤	*Leucogeranus leucogeranus*	Siberian Crane
6	东方白鹳	*Ciconia boyciana*	Oriental Stork
7	小青脚鹬	*Tringa guttifer*	Spotted Greenshank
8	白枕鹤	*Antigone vipio*	White-naped Crane
9	丹顶鹤	*Grus japonensis*	Red-crowned Crane
10	白头鹤	*Grus monacha*	Hooded Crane
11	白肩雕	*Aquila heliaca*	Imperial Eagle
CITES－附录 II			
1	大鸨	*Otis tarda*	Great Bustard
2	黑鹳	*Ciconia nigra*	Black Stork
3	秃鹫	*Aegypius monachus*	Cinereous Vulture
4	乌雕	*Clanga clanga*	Greater Spotted Eagle
5	草原雕	*Aquila nipalensis*	Steppe Eagle
6	金雕	*Aquila chrysaetos*	Golden Eagle
7	玉带海雕	*Haliaeetus leucoryphus*	Pallas's Fish Eagle
8	猎隼	*Falco cherrug*	Saker Falcon
9	花脸鸭	*Sibirionetta formosa*	Baikal Teal
10	大红鹳	*Phoenicopterus roseus*	Greater Flamingo
11	沙丘鹤	*Antigone canadensis*	Sandhill Crane
12	蓑羽鹤	*Grus virgo*	Demoiselle Crane

（续表）

序号	中文名	学名	英文名
13	灰鹤	*Grus grus*	Common Crane
14	白琵鹭	*Platalea leucorodia*	Eurasian Spoonbill
15	草鸮	*Tyto longimembris*	Eastern Grass Owl
16	日本鹰鸮	*Ninox japonica*	Northern Boobook
17	纵纹腹小鸮	*Athene noctua*	Little Owl
18	北领角鸮	*Otus semitorques*	Japanese Scops Owl
19	红角鸮	*Otus sunia*	Oriental Scops Owl
20	长耳鸮	*Asio otus*	Long-eared Owl
21	短耳鸮	*Asio flammeus*	Short-eared Owl
22	雕鸮	*Bubo bubo*	Northern Eagle-owl
23	鹗	*Pandion haliaetus*	Osprey
24	黑翅鸢	*Elanus caeruleus*	Black-shouldered Kite
25	凤头蜂鹰	*Pernis ptilorhynchus*	Oriental Honey Buzzard
26	短趾雕	*Circaetus gallicus*	Short-toed Snake Eagle
27	赤腹鹰	*Accipiter soloensis*	Chinese Sparrowhawk
28	日本松雀鹰	*Accipiter gularis*	Japanese Sparrowhawk
29	松雀鹰	*Accipiter virgatus*	Besra
30	雀鹰	*Accipiter nisus*	Eurasian Sparrowhawk
31	苍鹰	*Accipiter gentilis*	Northern Goshawk
32	白腹鹞	*Circus spilonotus*	Eastern Marsh Harrier
33	白尾鹞	*Circus cyaneus*	Hen Harrier
34	鹊鹞	*Circus melanoleucos*	Pied Harrier
35	黑鸢	*Milvus migrans*	Black Kite
36	灰脸鵟鹰	*Butastur indicus*	Grey-faced Buzzard
37	毛脚鵟	*Buteo lagopus*	Rough-legged Hawk
38	大鵟	*Buteo hemilasius*	Upland Buzzard
39	普通鵟	*Buteo japonicus*	Eastern Buzzard
40	黄爪隼	*Falco naumanni*	Lesser Kestrel
41	红隼	*Falco tinnunculus*	Common Kestrel
42	红脚隼	*Falco amurensis*	Eastern Red-footed Falcon
43	灰背隼	*Falco columbarius*	Merlin
44	燕隼	*Falco subbuteo*	Hobby

附录 II　黄河口鸟类名录

序号	中文名	目	科	学　名	英文名	保护等级	IUCN 红色名录	CITES 附录	居留型	生态型	页码
1	鹌鹑	鸡形目	雉科	*Coturnix japonica*	Japanese Quail		LC		留鸟	陆禽	125
2	暗灰鹃鵙	雀形目	山椒鸟科	*Lalage melaschistos*	Black-winged Cuckooshrike		LC		旅鸟	鸣禽	492
3	绿背鸬鹚	鲣鸟目	鸬鹚科	*Phalacrocorax capillatus*	Japanese Cormorant		LC		旅鸟	游禽	169
4	暗绿绣眼鸟	雀形目	绣眼鸟科	*Zosterops simplex*	Swinhoe's White-eye		LC		旅鸟	鸣禽	395
5	八哥	雀形目	椋鸟科	*Acridotheres cristatellus*	Crested Myna		LC		留鸟	鸣禽	397
6	白翅浮鸥	鸻形目	鸥科	*Chlidonias leucopterus*	White-winged Tern		LC		夏候鸟	游禽	184
7	白额雁	雁形目	鸭科	*Anser albifrons*	Greater White-fronted Goose	二级	LC		旅鸟	游禽	060
8	白额燕鸥	鸻形目	鸥科	*Sternula albifrons*	Little Tern		LC		夏候鸟	游禽	181
9	白腹鸫	雀形目	鸫科	*Turdus pallidus*	Pale Thrush		LC		旅鸟	鸣禽	408
10	白腹蓝鹟	雀形目	鹟科	*Cyanoptila cyanomelana*	Blue-and-white Flycatcher		LC		旅鸟	鸣禽	418
11	白腹鹞	鹰形目	鹰科	*Circus spilonotus*	Eastern Marsh Harrier	二级	LC	II	留鸟	猛禽	099
12	白骨顶	鹤形目	秧鸡科	*Fulica atra*	Common Coot		LC		留鸟	涉禽	200
13	白鹤	鹤形目	鹤科	*Leucogeranus leucogeranus*	Siberian Crane	一级	CR	I	冬候鸟	涉禽	032
14	白喉矶鸫	雀形目	鹟科	*Monticola gularis*	White-throated Rock Thrush		LC		旅鸟	鸣禽	432
15	白喉针尾雨燕	夜鹰目	雨燕科	*Hirundapus caudacutus*	White-throated Spinetail		LC		旅鸟	攀禽	281
16	白鹡鸰	雀形目	鹡鸰科	*Motacilla alba*	White Wagtail		LC		留鸟	鸣禽	453
17	白肩雕	鹰形目	鹰科	*Aquila heliaca*	Imperial Eagle	一级	VU	I	旅鸟	猛禽	052

（续表）

序号	中文名	目	科	学　名	英文名	保护等级	IUCN红色名录	CITES附录	居留型	生态型	页码
18	白颈鸦	雀形目	鸦科	*Corvus torquatus*	Collared Crow		VU		旅鸟	鸣禽	351
19	白鹭	鹈形目	鹭科	*Egretta garzetta*	Little Egret		LC		留鸟	涉禽	213
20	白眉地鸫	雀形目	鸫科	*Geokichla sibirica*	Siberian Thrush		LC		旅鸟	鸣禽	402
21	白眉鸫	雀形目	鸫科	*Turdus obscurus*	Eyebrowed Thrush		LC		旅鸟	鸣禽	407
22	白眉姬鹟	雀形目	鹟科	*Ficedula zanthopygia*	Yellow-rumped Flycatcher		LC		旅鸟	鸣禽	423
23	白眉鹀	雀形目	鹀科	*Emberiza tristrami*	Tristram's Bunting		LC		旅鸟	鸣禽	477
24	白眉鸭	雁形目	鸭科	*Spatula querquedula*	Garganey		LC		旅鸟	游禽	155
25	白琵鹭	鹈形目	鹮科	*Platalea leucorodia*	Eurasian Spoonbill	二级	LC	II	旅鸟	涉禽	074
26	白鹈鹕	鹈形目	鹈鹕科	*Pelecanus onocrotalus*	Great White Pelican	一级	LC		旅鸟	游禽	036
27	白头鹎	雀形目	鹎科	*Pycnonotus sinensis*	Light-vented Bulbul		LC		留鸟	鸣禽	377
28	白头鹤	鹤形目	鹤科	*Grus monacha*	Hooded Crane	一级	VU	I	旅鸟	涉禽	033
29	白头鹀	雀形目	鹀科	*Emberiza leucocephalos*	Pine Bunting		LC		旅鸟	鸣禽	467
30	白尾海雕	鹰形目	鹰科	*Haliaeetus albicilla*	White-tailed Sea Eagle	一级	LC	I	旅鸟	猛禽	047
31	白尾鹞	鹰形目	鹰科	*Circus cyaneus*	Hen Harrier	二级	LC	II	留鸟	猛禽	100
32	白胸苦恶鸟	鹤形目	秧鸡科	*Amaurornis phoenicurus*	White-breasted Waterhen		LC		旅鸟	涉禽	197
33	白眼潜鸭	雁形目	鸭科	*Aythya nyroca*	Ferruginous Duck		NT		冬候鸟	游禽	152
34	白腰杓鹬	鸻形目	鹬科	*Numenius arquata*	Eurasian Curlew	二级	NT		旅鸟	涉禽	077
35	白腰草鹬	鸻形目	鹬科	*Tringa ochropus*	Green Sandpiper		LC		旅鸟	涉禽	250
36	白腰雨燕	夜鹰目	雨燕科	*Apus pacificus*	Fork-tailed Swift		LC		旅鸟	攀禽	282
37	白腰朱顶雀	雀形目	燕雀科	*Acanthis flammea*	Common Redpoll		LC		冬候鸟	鸣禽	461

（续表）

序号	中文名	目	科	学　名	英文名	保护等级	IUCN红色名录	CITES附录	居留型	生态型	页码
38	白枕鹤	鹤形目	鹤科	*Antigone vipio*	White-naped Crane	一级	VU	I	旅鸟	涉禽	034
39	斑背大尾莺	雀形目	蝗莺科	*Helopsaltes pryeri*	Marsh Grassbird		NT		旅鸟	鸣禽	373
40	斑背潜鸭	雁形目	鸭科	*Aythya marila*	Greater Scaup		LC		旅鸟	游禽	154
41	斑翅山鹑	鸡形目	雉科	*Perdix dauurica*	Daurian Partridge		LC		冬候鸟	陆禽	123
42	斑鸫	雀形目	鸫科	*Turdus eunomus*	Dusky Thrush		LC		冬候鸟	鸣禽	413
43	斑脸海番鸭	雁形目	鸭科	*Melanitta stejnegeri*	Stejneger's Scoter		LC		旅鸟	游禽	144
44	斑头秋沙鸭	雁形目	鸭科	*Mergellus albellus*	Smew	二级	LC		冬候鸟	游禽	064
45	斑尾塍鹬	鸻形目	鹬科	*Limosa lapponica*	Bar-tailed Godwit		NT		旅鸟	涉禽	229
46	斑胁田鸡	鹤形目	秧鸡科	*Porzana paykullii*	Band-bellied Crake	二级	NT		旅鸟	涉禽	070
47	斑胸滨鹬	鸻形目	鹬科	*Calidris melanotos*	Pectoral Sandpiper		LC		旅鸟	涉禽	490
48	斑嘴鸭	雁形目	鸭科	*Anas zonorhyncha*	Eastern Spot-billed Duck		LC		留鸟	游禽	160
49	半蹼鹬	鸻形目	鹬科	*Limnodromus semipalmatus*	Asian Dowitcher	二级	NT		旅鸟	涉禽	240
50	宝兴歌鸫	雀形目	鸫科	*Turdus mupinensis*	Chinese Thrush		LC		旅鸟	鸣禽	414
51	北红尾鸲	雀形目	鹟科	*Phoenicurus auroreus*	Daurian Redstart		LC		留鸟	鸣禽	428
52	北灰鹟	雀形目	鹟科	*Muscicapa dauurica*	Asian Brown Flycatcher		LC		旅鸟	鸣禽	417
53	北椋鸟	雀形目	椋鸟科	*Agropsar sturninus*	Daurian Starling		LC		旅鸟	鸣禽	400
54	北领角鸮	鸮形目	鸱鸮科	*Otus semitorques*	Japanese Scops Owl	二级	LC	II	旅鸟	猛禽	085
55	北鹨	雀形目	鹡鸰科	*Anthus gustavi*	Pechora Pipit		LC		旅鸟	鸣禽	442
56	北长尾山雀	雀形目	长尾山雀科	*Aegithalos caudatus*	Long-tailed Tit (caudatus)		LC		冬候鸟	鸣禽	391
57	北朱雀	雀形目	燕雀科	*Carpodacus roseus*	Pallas's Rosefinch	二级	LC		冬候鸟	鸣禽	119

（续表）

序号	中文名	目	科	学　名	英文名	保护等级	IUCN红色名录	CITES附录	居留型	生态型	页码
58	布氏鹨	雀形目	鹡鸰科	*Anthus godlewskii*	Blyth's Pipit		LC		旅鸟	鸣禽	449
59	彩鹬	鸻形目	彩鹬科	*Rostratula benghalensis*	Greater Painted Snipe		LC		旅鸟	涉禽	227
60	苍鹭	鹈形目	鹭科	*Ardea cinerea*	Grey Heron		LC		留鸟	涉禽	209
61	苍眉蝗莺	雀形目	蝗莺科	*Helopsaltes fasciolata*	Gray's Grasshopper Warbler		LC		旅鸟	鸣禽	372
62	苍鹰	鹰形目	鹰科	*Accipiter gentilis*	Northern Goshawk	二级	LC	II	旅鸟	猛禽	098
63	草鹭	鹈形目	鹭科	*Ardea purpurea*	Purple Heron		LC		夏候鸟	涉禽	210
64	草鸮	鸮形目	草鸮科	*Tyto longimembris*	Eastern Grass Owl	二级	LC	II	夏候鸟	猛禽	082
65	草原雕	鹰形目	鹰科	*Aquila nipalensis*	Steppe Eagle	一级	EN	II	旅鸟	猛禽	051
66	长耳鸮	鸮形目	鸱鸮科	*Asio otus*	Long-eared Owl	二级	LC	II	夏候鸟	猛禽	087
67	长尾雀	雀形目	燕雀科	*Carpodacus sibiricus*	Long-tailed Rosefinch		LC		冬候鸟	鸣禽	459
68	长尾鸭	雁形目	鸭科	*Clangula hyemalis*	Long-tailed Duck		VU		迷鸟	游禽	143
69	长趾滨鹬	鸻形目	鹬科	*Calidris subminuta*	Long-toed Stint		LC		旅鸟	涉禽	236
70	长嘴剑鸻	鸻形目	鸻科	*Charadrius placidus*	Long-billed Plover		LC		旅鸟	涉禽	221
71	池鹭	鹈形目	鹭科	*Ardeola bacchus*	Chinese Pond Heron		LC		夏候鸟	涉禽	207
72	赤膀鸭	雁形目	鸭科	*Mareca strepera*	Gadwall		LC		冬候鸟	游禽	158
73	赤腹鹰	鹰形目	鹰科	*Accipiter soloensis*	Chinese Sparrowhawk	二级	LC	II	旅鸟	猛禽	094
74	赤颈鸫	雀形目	鸫科	*Turdus ruficollis*	Red-throated Thrush		LC		旅鸟	鸣禽	411
75	赤颈䴙䴘	䴙䴘目	䴙䴘科	*Podiceps grisegena*	Red-necked Grebe	二级	LC		旅鸟	游禽	067
76	赤颈鸭	雁形目	鸭科	*Mareca penelope*	Eurasian Wigeon		LC		冬候鸟	游禽	159
77	赤麻鸭	雁形目	鸭科	*Tadorna ferruginea*	Ruddy Shelduck		LC		旅鸟	游禽	149

（续表）

序号	中文名	目	科	学　名	英文名	保护等级	IUCN红色名录	CITES附录	居留型	生态型	页码
78	赤胸鸫	雀形目	鸫科	*Turdus chrysolaus*	Brown-headed Thrush		LC		旅鸟	鸣禽	409
79	赤嘴潜鸭	雁形目	鸭科	*Netta rufina*	Red-crested Pochard		LC		旅鸟	游禽	150
80	纯色山鹪莺	雀形目	扇尾莺科	*Prinia inornata*	Plain Prinia		LC		夏候鸟	鸣禽	366
81	达乌里寒鸦	雀形目	鸦科	*Coloeus dauuricus*	Daurian Jackdaw		LC		旅鸟	鸣禽	348
82	大白鹭	鹈形目	鹭科	*Ardea alba*	Great Egret		LC		留鸟	涉禽	211
83	大斑啄木鸟	啄木鸟目	啄木鸟科	*Dendrocopos major*	Great Spotted Woodpecker		LC		留鸟	攀禽	301
84	大鸨	鸨形目	鸨科	*Otis tarda*	Great Bustard	一级	EN	II	冬候鸟	陆禽	037
85	大杓鹬	鸻形目	鹬科	*Numenius madagascariensis*	Far Eastern Curlew	二级	EN		旅鸟	涉禽	078
86	大滨鹬	鸻形目	鹬科	*Calidris tenuirostris*	Great Knot	二级	EN		旅鸟	涉禽	080
87	大杜鹃	鹃形目	杜鹃科	*Cuculus canorus*	Common Cuckoo		LC		夏候鸟	攀禽	288
88	大短趾百灵	雀形目	百灵科	*Calandrella brachydactyla*	Greater Short-toed Lark		LC		留鸟	鸣禽	362
89	大红鹳	红鹳目	红鹳科	*Phoenicopterus roseus*	Greater Flamingo	二级	LC	II	迷鸟	涉禽	484
90	大鵟	鹰形目	鹰科	*Buteo hemilasius*	Upland Buzzard	二级	LC	II	旅鸟	猛禽	105
91	大麻鳽	鹈形目	鹭科	*Botaurus stellaris*	Eurasian Bittern		LC		留鸟	涉禽	201
92	大沙锥	鸻形目	鹬科	*Gallinago megala*	Swinhoe's Snipe		LC		旅鸟	涉禽	244
93	大山雀	雀形目	山雀科	*Parus minor*	Japanese Tit		LC		留鸟	鸣禽	358
94	大天鹅	雁形目	鸭科	*Cygnus cygnus*	Whooper Swan	二级	LC		冬候鸟	游禽	057
95	大鹰鹃	鹃形目	杜鹃科	*Hierococcyx sparverioides*	Large Hawk-cuckoo		LC		夏候鸟	攀禽	286
96	大嘴乌鸦	雀形目	鸦科	*Corvus macrorhynchos*	Large-billed Crow		LC		旅鸟	鸣禽	352
97	戴菊	雀形目	戴菊科	*Regulus regulus*	Goldcrest		LC		冬候鸟	鸣禽	434

（续表）

序号	中文名	目	科	学　名	英文名	保护等级	IUCN红色名录	CITES附录	居留型	生态型	页码
98	戴胜	犀鸟目	戴胜科	*Upupa epops*	Eurasian Hoopoe		LC		留鸟	攀禽	291
99	丹顶鹤	鹤形目	鹤科	*Grus japonensis*	Red-crowned Crane	一级	VU	I	冬候鸟	涉禽	031
100	淡脚柳莺	雀形目	柳莺科	*Phylloscopus tenellipes*	Pale-legged Leaf Warbler		LC		旅鸟	鸣禽	387
101	雕鸮	鸮形目	鸱鸮科	*Bubo bubo*	Northern Eagle-owl	二级	LC	II	旅鸟	猛禽	089
102	东方白鹳	鹳形目	鹳科	*Ciconia boyciana*	Oriental Stork	一级	EN	I	留鸟	涉禽	029
103	东方大苇莺	雀形目	苇莺科	*Acrocephalus orientalis*	Oriental Reed Warbler		LC		夏候鸟	鸣禽	367
104	东方鸻	鸻形目	鸻科	*Charadrius veredus*	Oriental Plover		LC		旅鸟	涉禽	226
105	东亚石䳭	雀形目	鹟科	*Saxicola stejnegeri*	Stejneger's Stonechat		DD		旅鸟	鸣禽	433
106	董鸡	鹤形目	秧鸡科	*Gallicrex cinerea*	Watercock		LC		夏候鸟	涉禽	198
107	豆雁	雁形目	鸭科	*Anser fabalis*	Bean Goose		LC		冬候鸟	游禽	483
108	短耳鸮	鸮形目	鸱鸮科	*Asio flammeus*	Short-eared Owl	二级	LC	II	旅鸟	猛禽	088
109	短趾百灵	雀形目	百灵科	*Alaudala cheleensis*	Asian Short-toed Lark		LC		留鸟	鸣禽	363
110	短趾雕	鹰形目	鹰科	*Circaetus gallicus*	Short-toed Snake Eagle	二级	LC	II	旅鸟	猛禽	093
111	短嘴豆雁	雁形目	鸭科	*Anser serrirostris*	Tundra Bean Goose		LC		冬候鸟	游禽	142
112	钝翅苇莺	雀形目	苇莺科	*Acrocephalus concinens*	Blunt-winged Warbler		LC		夏候鸟	鸣禽	369
113	鹗	鹰形目	鹗科	*Pandion haliaetus*	Osprey	二级	LC	II	旅鸟	猛禽	090
114	发冠卷尾	雀形目	卷尾科	*Dicrurus hottentottus*	Hair-crested Drongo		LC		夏候鸟	鸣禽	334
115	翻石鹬	鸻形目	鹬科	*Arenaria interpres*	Ruddy Turnstone	二级	LC		旅鸟	涉禽	079
116	反嘴鹬	鸻形目	反嘴鹬科	*Recurvirostra avosetta*	Pied Avocet		LC		夏候鸟	涉禽	215
117	粉红背鹈鹕	鹈形目	鹈鹕科	*Pelecanus rufescens*	Pink-backed Pelican				族鸟	游禽	482

（续表）

序号	中文名	目	科	学　名	英文名	保护等级	IUCN红色名录	CITES附录	居留型	生态型	页码
118	粉红胸鹨	雀形目	鹡鸰科	*Anthus roseatus*	Rosy Pipit		LC		夏候鸟	鸣禽	445
119	凤头百灵	雀形目	百灵科	*Galerida cristata*	Crested Lark		LC		留鸟	鸣禽	361
120	凤头蜂鹰	鹰形目	鹰科	*Pernis ptilorhynchus*	Oriental Honey Buzzard	二级	LC	II	旅鸟	猛禽	092
121	凤头麦鸡	鸻形目	鸻科	*Vanellus vanellus*	Northern Lapwing		NT		夏候鸟	涉禽	217
122	凤头䴙䴘	䴙䴘目	䴙䴘科	*Podiceps cristatus*	Great Crested Grebe		LC		留鸟	游禽	165
123	凤头潜鸭	雁形目	鸭科	*Aythya fuligula*	Tufted Duck		LC		冬候鸟	游禽	153
124	孤沙锥	鸻形目	鹬科	*Gallinago solitaria*	Solitary Snipe		LC		旅鸟	涉禽	242
125	冠鱼狗	佛法僧目	翠鸟科	*Megaceryle lugubris*	Crested Kingfisher		LC		旅鸟	攀禽	294
126	海鸬鹚	鲣鸟目	鸬鹚科	*Phalacrocorax pelagicus*	Pelagic Cormorant	二级	LC		旅鸟	游禽	075
127	褐柳莺	雀形目	柳莺科	*Phylloscopus fuscatus*	Dusky Warbler		LC		冬候鸟	鸣禽	383
128	褐头山雀	雀形目	山雀科	*Poecile montanus*	Willow Tit		LC		冬候鸟	鸣禽	357
129	鹤鹬	鸻形目	鹬科	*Tringa erythropus*	Spotted Redshank		LC		旅鸟	涉禽	252
130	黑翅鸢	鹰形目	鹰科	*Elanus caeruleus*	Black-shouldered Kite	二级	LC	II	留鸟	猛禽	091
131	黑翅长脚鹬	鸻形目	反嘴鹬科	*Himantopus himantopus*	Black-winged Stilt		LC		夏候鸟	涉禽	216
132	黑浮鸥	鸻形目	鸥科	*Chlidonias niger*	Black Tern	二级	LC		旅鸟	游禽	493
133	黑腹滨鹬	鸻形目	鹬科	*Calidris alpina*	Dunlin		LC		旅鸟	涉禽	239
134	黑鹳	鹳形目	鹳科	*Ciconia nigra*	Black Stork	一级	LC	II	旅鸟	涉禽	041
135	黑喉鸫	雀形目	鸫科	*Turdus atrogularis*	Black-throated Thrush		LC		旅鸟	鸣禽	410
136	黑喉潜鸟	潜鸟目	潜鸟科	*Gavia arctica*	Arctic Loon		LC		旅鸟	游禽	167
137	黑颈䴙䴘	䴙䴘目	䴙䴘科	*Podiceps nigricollis*	Black-necked Grebe	二级	LC		冬候鸟	游禽	065

（续表）

序号	中文名	目	科	学　名	英文名	保护等级	IUCN红色名录	CITES附录	居留型	生态型	页码
138	黑卷尾	雀形目	卷尾科	*Dicrurus macrocercus*	Black Drongo		LC		夏候鸟	鸣禽	332
139	黑脸琵鹭	鹈形目	鹮科	*Platalea minor*	Black-faced Spoonbill	一级	EN		旅鸟	涉禽	042
140	黑眉苇莺	雀形目	苇莺科	*Acrocephalus bistrigiceps*	Black-browed Reed Warbler		LC		旅鸟	鸣禽	368
141	黑水鸡	鹤形目	秧鸡科	*Gallinula chloropus*	Common Moorhen		LC		留鸟	涉禽	199
142	黑头蜡嘴雀	雀形目	燕雀科	*Eophona personata*	Japanese Grosbeak		LC		留鸟	鸣禽	457
143	黑头䴓	雀形目	䴓科	*Sitta villosa*	Chinese Nuthatch		LC		冬候鸟	攀禽	486
144	黑尾塍鹬	鸻形目	鹬科	*Limosa limosa*	Black-tailed Godwit		NT		旅鸟	涉禽	230
145	黑尾蜡嘴雀	雀形目	燕雀科	*Eophona migratoria*	Chinese Grosbeak		LC		留鸟	鸣禽	456
146	黑尾鸥	鸻形目	鸥科	*Larus crassirostris*	Black-tailed Gull		LC		旅鸟	游禽	174
147	黑雁	雁形目	鸭科	*Branta bernicla*	Brant Goose		LC		迷鸟	游禽	139
148	黑鸢	鹰形目	鹰科	*Milvus migrans*	Black Kite	二级	LC	II	旅鸟	猛禽	102
149	黑枕黄鹂	雀形目	黄鹂科	*Oriolus chinensis*	Black-naped Oriole		LC		夏候鸟	鸣禽	329
150	黑嘴鸥	鸻形目	鸥科	*Chroicocephalus saundersi*	Saunders's Gull	一级	VU		夏候鸟	游禽	030
151	红翅凤头鹃	鹃形目	杜鹃科	*Clamator coromandus*	Chestnut-winged Cuckoo		LC		迷鸟	攀禽	284
152	红翅旋壁雀	雀形目	䴓科	*Tichodroma muraria*	Wallcreeper		LC		迷鸟	攀禽	309
153	红腹滨鹬	鸻形目	鹬科	*Calidris canutus*	Red Knot		NT		旅鸟	涉禽	231
154	红腹红尾鸲	雀形目	鹟科	*Phoenicurus erythrogastrus*	White-winged Redstart		LC		迷鸟	鸣禽	429
155	红喉歌鸲	雀形目	鹟科	*Calliope calliope*	Siberian Rubythroat	二级	LC		旅鸟	鸣禽	118
156	红喉姬鹟	雀形目	鹟科	*Ficedula albicilla*	Taiga Flycatcher		LC		旅鸟	鸣禽	426
157	红喉鹨	雀形目	鹡鸰科	*Anthus cervinus*	Red-throated Pipit		LC		旅鸟	鸣禽	444

（续表）

序号	中文名	目	科	学　名	英文名	保护等级	IUCN红色名录	CITES附录	居留型	生态型	页码
158	红喉潜鸟	潜鸟目	潜鸟科	*Gavia stellata*	Red-throated Loon		LC		旅鸟	游禽	166
159	红交嘴雀	雀形目	燕雀科	*Loxia curvirostra*	Red Crossbill	二级	LC		冬候鸟	鸣禽	120
160	红角鸮	鸮形目	鸱鸮科	*Otus sunia*	Oriental Scops Owl	二级	LC	II	夏候鸟	猛禽	086
161	红脚隼	隼形目	隼科	*Falco amurensis*	Eastern Red-footed Falcon	二级	LC	II	旅鸟	猛禽	109
162	红脚鹬	鸻形目	鹬科	*Tringa totanus*	Common Redshank		LC		旅鸟	涉禽	254
163	红颈瓣蹼鹬	鸻形目	鹬科	*Phalaropus lobatus*	Red-necked Phalarope		LC		旅鸟	涉禽	247
164	红颈滨鹬	鸻形目	鹬科	*Calidris ruficollis*	Red-necked Stint		NT		旅鸟	涉禽	237
165	红颈苇鹀	雀形目	鹀科	*Emberiza yessoensis*	Japanese Reed Bunting		LC		冬候鸟	鸣禽	469
166	红隼	隼形目	隼科	*Falco tinnunculus*	Common Kestrel	二级	LC	II	留鸟	猛禽	108
167	红头潜鸭	雁形目	鸭科	*Aythya ferina*	Common Pochard		VU		冬候鸟	游禽	151
168	红尾斑鸫	雀形目	鸫科	*Turdus naumanni*	Naumann's Thrush		LC		冬候鸟	鸣禽	412
169	红尾伯劳	雀形目	伯劳科	*Lanius cristatus*	Brown Shrike		LC		夏候鸟	鸣禽	339
170	红尾歌鸲	雀形目	鹟科	*Larvivora sibilans*	Rufous-tailed Robin		LC		旅鸟	鸣禽	420
171	红尾水鸲	雀形目	鹟科	*Phoenicurus fuliginosus*	Plumbeous Water Redstart		LC		旅鸟	鸣禽	430
172	红胁蓝尾鸲	雀形目	鹟科	*Tarsiger cyanurus*	Orange-flanked Bluetail		LC		留鸟	鸣禽	421
173	红胁绣眼鸟	雀形目	绣眼鸟科	*Zosterops erythropleurus*	Chestnut-flanked White-eye	二级	LC		旅鸟	鸣禽	116
174	红胸秋沙鸭	雁形目	鸭科	*Mergus serrator*	Red-breasted Merganser		LC		旅鸟	游禽	147
175	红胸田鸡	鹤形目	秧鸡科	*Porzana fusca*	Ruddy-breasted Crake		LC		夏候鸟	涉禽	195
176	红嘴巨燕鸥	鸻形目	鸥科	*Hydroprogne caspia*	Caspian Tern		LC		旅鸟	游禽	180
177	红嘴蓝鹊	雀形目	鸦科	*Urocissa erythroryncha*	Red-billed Blue Magpie		LC		旅鸟	鸣禽	345

（续表）

序号	中文名	目	科	学　名	英文名	保护等级	IUCN红色名录	CITES附录	居留型	生态型	页码
178	红嘴鸥	鸻形目	鸥科	*Chroicocephalus ridibundus*	Black-headed Gull		LC		留鸟	游禽	172
179	鸿雁	雁形目	鸭科	*Anser cygnoides*	Swan Goose	二级	EN		旅鸟	游禽	059
180	厚嘴苇莺	雀形目	苇莺科	*Arundinax aedon*	Thick-billed Warbler		LC		旅鸟	鸣禽	371
181	虎斑地鸫	雀形目	鸫科	*Zoothera aurea*	White's Thrush		LC		旅鸟	鸣禽	403
182	虎纹伯劳	雀形目	伯劳科	*Lanius tigrinus*	Tiger Shrike		LC		夏候鸟	鸣禽	337
183	花脸鸭	雁形目	鸭科	*Sibirionetta formosa*	Baikal Teal	二级	LC	II	旅鸟	游禽	063
184	花田鸡	鹤形目	秧鸡科	*Coturnicops exquisitus*	Swinhoe's Rail	二级	VU		旅鸟	涉禽	069
185	环颈鸻	鸻形目	鸻科	*Charadrius alexandrinus*	Kentish Plover		LC		夏候鸟	涉禽	223
186	黄斑苇鳽	鹈形目	鹭科	*Ixobrychus sinensis*	Yellow Bittern		LC		夏候鸟	涉禽	202
187	黄腹鹨	雀形目	鹡鸰科	*Anthus rubescens*	Buff-bellied Pipit		LC		旅鸟	鸣禽	446
188	黄腹山雀	雀形目	山雀科	*Pardaliparus venustulus*	Yellow-bellied Tit		LC		旅鸟	鸣禽	354
189	黄喉鹀	雀形目	鹀科	*Emberiza elegans*	Yellow-throated Bunting		LC		冬候鸟	鸣禽	468
190	黄鹡鸰	雀形目	鹡鸰科	*Motacilla tschutschensis*	Eastern Yellow Wagtail		LC		旅鸟	鸣禽	450
191	黄脚三趾鹑	鸻形目	三趾鹑科	*Turnix tanki*	Yellow-legged Buttonquail		LC		夏候鸟	陆禽	132
192	黄脚银鸥	鸻形目	鸥科	*Larus cachinnans*	Caspian Gull		LC		旅鸟	游禽	178
193	黄眉姬鹟	雀形目	鹟科	*Ficedula narcissina*	Narcissus Flycatcher		LC		旅鸟	鸣禽	424
194	黄眉柳莺	雀形目	柳莺科	*Phylloscopus inornatus*	Yellow-browed Warbler		LC		旅鸟	鸣禽	380
195	黄眉鹀	雀形目	鹀科	*Emberiza chrysophrys*	Yellow-browed Bunting		LC		旅鸟	鸣禽	476
196	黄雀	雀形目	燕雀科	*Spinus spinus*	Eurasian Siskin		LC		冬候鸟	鸣禽	462
197	黄头鹡鸰	雀形目	鹡鸰科	*Motacilla citreola*	Citrine Wagtail		LC		旅鸟	鸣禽	452

序号	中文名	目	科	学　名	英文名	保护等级	IUCN红色名录	CITES附录	居留型	生态型	页码
198	黄胸鹀	雀形目	鹀科	*Emberiza aureola*	Yellow-breasted Bunting	一级	CR		旅鸟	鸣禽	054
199	黄腰柳莺	雀形目	柳莺科	*Phylloscopus proregulus*	Pallas's Leaf Warbler		LC		旅鸟	鸣禽	381
200	黄爪隼	隼形目	隼科	*Falco naumanni*	Lesser Kestrel	二级	LC	II	旅鸟	猛禽	107
201	黄嘴白鹭	鹈形目	鹭科	*Egretta eulophotes*	Chinese Egret	一级	VU		旅鸟	涉禽	043
202	灰斑鸠	鸽形目	鸠鸽科	*Streptopelia decaocto*	Eurasian Collared Dove		LC		旅鸟	陆禽	128
203	灰背鸫	雀形目	鸫科	*Turdus hortulorum*	Grey-backed Thrush		LC		旅鸟	鸣禽	404
204	灰背鸥	鸻形目	鸥科	*Larus schistisagus*	Slaty-backed Gull		LC		旅鸟	游禽	177
205	灰背隼	隼形目	隼科	*Falco columbarius*	Merlin	二级	LC	II	旅鸟	猛禽	110
206	灰伯劳	雀形目	伯劳科	*Lanius borealis*	Northern Shrike		LC		冬候鸟	鸣禽	341
207	灰翅浮鸥	鸻形目	鸥科	*Chlidonias hybrida*	Whiskered Tern		LC		夏候鸟	游禽	183
208	灰鹤	鹤形目	鹤科	*Grus grus*	Common Crane	二级	LC	II	冬候鸟	涉禽	073
209	灰鸻	鸻形目	鸻科	*Pluvialis squatarola*	Grey Plover		LC		旅鸟	涉禽	220
210	灰鹡鸰	雀形目	鹡鸰科	*Motacilla cinerea*	Gray Wagtail		LC		旅鸟	鸣禽	451
211	灰卷尾	雀形目	卷尾科	*Dicrurus leucophaeus*	Ashy Drongo		LC		夏候鸟	鸣禽	333
212	灰脸𫛭鹰	鹰形目	鹰科	*Butastur indicus*	Grey-faced Buzzard	二级	LC	II	旅鸟	猛禽	103
213	灰椋鸟	雀形目	椋鸟科	*Spodiopsar cineraceus*	White-cheeked Starling		LC		留鸟	鸣禽	399
214	灰眉岩鹀	雀形目	鹀科	*Emberiza godlewskii*	Godlewski's Bunting		DD		旅鸟	鸣禽	466
215	灰山椒鸟	雀形目	山椒鸟科	*Pericrocotus divaricatus*	Ashy Minivet		LC		旅鸟	鸣禽	331
216	灰头绿啄木鸟	啄木鸟目	啄木鸟科	*Picus canus*	Grey-faced Woodpecker		LC		留鸟	攀禽	297
217	灰头麦鸡	鸻形目	鸻科	*Vanellus cinereus*	Grey-headed Lapwing		LC		夏候鸟	涉禽	218

（续表）

序号	中文名	目	科	学　名	英文名	保护等级	IUCN红色名录	CITES附录	居留型	生态型	页码
218	灰头鹀	雀形目	鹀科	*Emberiza spodocephala*	Black-faced Bunting		LC		旅鸟	鸣禽	474
219	灰尾漂鹬	鸻形目	鹬科	*Tringa brevipes*	Grey-tailed Tattler		LC		旅鸟	涉禽	251
220	灰纹鹟	雀形目	鹟科	*Muscicapa griseisticta*	Grey-streaked Flycatcher		LC		旅鸟	鸣禽	415
221	灰喜鹊	雀形目	鸦科	*Cyanopica cyanus*	Azure-winged Magpie		LC		留鸟	鸣禽	344
222	灰雁	雁形目	鸭科	*Anser anser*	Graylag Goose		LC		冬候鸟	游禽	141
223	火斑鸠	鸽形目	鸠鸽科	*Streptopelia tranquebarica*	Red Turtle Dove		LC		旅鸟	陆禽	129
224	矶鹬	鸻形目	鹬科	*Actitis hypoleucos*	Common Sandpiper		LC		旅鸟	涉禽	249
225	姬鹬	鸻形目	鹬科	*Lymnocryptes minimus*	Jack Snipe		LC		旅鸟	涉禽	246
226	极北柳莺	雀形目	柳莺科	*Phylloscopus borealis*	Arctic Warbler		LC		旅鸟	鸣禽	388
227	家燕	雀形目	燕科	*Hirundo rustica*	Barn Swallow		LC		夏候鸟	攀禽	303
228	尖尾滨鹬	鸻形目	鹬科	*Calidris acuminata*	Sharp-tailed Sandpiper		VU		旅鸟	涉禽	233
229	鹪鹩	雀形目	鹪鹩科	*Troglodytes troglodytes*	Eurasian Wren		LC		留鸟	鸣禽	396
230	角䴙䴘	䴙䴘目	䴙䴘科	*Podiceps auritus*	Horned Grebe	二级	VU		冬候鸟	游禽	066
231	金翅雀	雀形目	燕雀科	*Chloris sinica*	Oriental Greenfinch		LC		留鸟	鸣禽	460
232	金雕	鹰形目	鹰科	*Aquila chrysaetos*	Golden Eagle	一级	LC	II	旅鸟	猛禽	049
233	金鸻	鸻形目	鸻科	*Pluvialis fulva*	Pacific Golden Plover		LC		旅鸟	涉禽	219
234	金眶鸻	鸻形目	鸻科	*Charadrius dubius*	Little Ringed Plover		LC		夏候鸟	涉禽	222
235	金眶鹟莺	雀形目	柳莺科	*Phylloscopus burkii*	Green-crowned Warbler		LC		旅鸟	鸣禽	385
236	金腰燕	雀形目	燕科	*Cecropis daurica*	Red-rumped Swallow		LC		夏候鸟	攀禽	306
237	巨嘴柳莺	雀形目	柳莺科	*Phylloscopus schwarzi*	Radde's Warbler		LC		旅鸟	鸣禽	382

（续表）

序号	中文名	目	科	学　名	英文名	保护等级	IUCN红色名录	CITES附录	居留型	生态型	页码
238	卷羽鹈鹕	鹈形目	鹈鹕科	*Pelecanus crispus*	Dalmatian Pelican	一级	NT	I	族鸟	游禽	035
239	阔嘴鹬	鸻形目	鹬科	*Calidris falcinellus*	Broad-billed Sandpiper	二级	LC		旅鸟	涉禽	081
240	蓝翡翠	佛法僧目	翠鸟科	*Halcyon pileata*	Black-capped Kingfisher		LC		夏候鸟	攀禽	295
241	蓝歌鸲	雀形目	鹟科	*Larvivora cyane*	Siberian Blue Robin		LC		旅鸟	鸣禽	419
242	蓝喉歌鸲	雀形目	鹟科	*Luscinia svecica*	Bluethroat	二级	LC		旅鸟	鸣禽	117
243	蓝矶鸫	雀形目	鹟科	*Monticola solitarius*	Blue Rock Thrush		LC		旅鸟	鸣禽	431
244	栗背短脚鹎	雀形目	鹎科	*Hemixos castanonotus*	Chestnut Bulbul		LC		旅鸟	鸣禽	378
245	栗耳短脚鹎	雀形目	鹎科	*Hypsipetes amaurotis*	Brown-eared Bulbul		LC		夏候鸟	鸣禽	379
246	栗耳鹀	雀形目	鹀科	*Emberiza fucata*	Chestnut-eared Bunting		LC		旅鸟	鸣禽	464
247	栗苇鳽	鹈形目	鹭科	*Ixobrychus cinnamomeus*	Cinnamon Bittern		LC		夏候鸟	涉禽	204
248	栗鹀	雀形目	鹀科	*Emberiza rutila*	Chestnut Bunting		LC		旅鸟	鸣禽	475
249	蛎鹬	鸻形目	蛎鹬科	*Haematopus ostralegus*	Eurasian Oystercatcher		LC		夏候鸟	涉禽	214
250	猎隼	隼形目	隼科	*Falco cherrug*	Saker Falcon	一级	EN	II	旅鸟	猛禽	053
251	林鹬	鸻形目	鹬科	*Tringa glareola*	Wood Sandpiper		LC		旅鸟	涉禽	255
252	鳞头树莺	雀形目	树莺科	*Urosphena squameiceps*	Asian Stubtail		LC		夏候鸟	鸣禽	390
253	领雀嘴鹎	雀形目	鹎科	*Spizixos semitorques*	Collared Finchbill		LC		旅鸟	鸣禽	376
254	领岩鹨	雀形目	岩鹨科	*Prunella collaris*	Alpine Accentor		LC		冬候鸟	鸣禽	437
255	流苏鹬	鸻形目	鹬科	*Calidris pugnax*	Ruff		LC		旅鸟	涉禽	232
256	芦鹀	雀形目	鹀科	*Emberiza schoeniclus*	Common Reed Bunting		LC		冬候鸟	鸣禽	470
257	罗纹鸭	雁形目	鸭科	*Mareca falcata*	Falcated Duck		LC		冬候鸟	游禽	157

（续表）

序号	中文名	目	科	学　名	英文名	保护等级	IUCN 红色名录	CITES 附录	居留型	生态型	页码
258	绿翅鸭	雁形目	鸭科	*Anas crecca*	Green-winged Teal		LC		冬候鸟	游禽	163
259	绿鹭	鹈形目	鹭科	*Butorides striata*	Green-backed Heron		LC		夏候鸟	涉禽	206
260	绿头鸭	雁形目	鸭科	*Anas platyrhynchos*	Mallard		LC		留鸟	游禽	161
261	麻雀	雀形目	雀科	*Passer montanus*	Eurasian Tree Sparrow		LC		留鸟	鸣禽	440
262	毛脚鵟	鹰形目	鹰科	*Buteo lagopus*	Rough-legged Hawk	二级	LC	II	旅鸟	猛禽	104
263	毛脚燕	雀形目	燕科	*Delichon urbicum*	Common House Martin		LC		旅鸟	攀禽	304
264	毛腿沙鸡	沙鸡目	沙鸡科	*Syrrhaptes paradoxus*	Pallas's Sandgrouse		LC		冬候鸟	陆禽	131
265	矛斑蝗莺	雀形目	蝗莺科	*Locustella lanceolata*	Lanceolated Warbler		LC		旅鸟	鸣禽	375
266	煤山雀	雀形目	山雀科	*Periparus ater*	Coal Tit		LC		冬候鸟	鸣禽	353
267	蒙古百灵	雀形目	百灵科	*Melanocorypha mongolica*	Mongolian Lark	二级	LC		旅鸟	鸣禽	114
268	蒙古沙鸻	鸻形目	鸻科	*Charadrius mongolus*	Lesser Sand Plover		LC		旅鸟	涉禽	224
269	冕柳莺	雀形目	柳莺科	*Phylloscopus coronatus*	Eastern Crowned Warbler		LC		旅鸟	鸣禽	384
270	牛背鹭	鹈形目	鹭科	*Bubulcus coromandus*	Cattle Egret		LC		夏候鸟	涉禽	208
271	牛头伯劳	雀形目	伯劳科	*Lanius bucephalus*	Bull-headed Shrike		LC		夏候鸟	鸣禽	338
272	欧金鸻	鸻形目	鸻科	*Pluvialis apricaria*	European Golden-Plover		LC		旅鸟	涉禽	485
273	欧亚旋木雀	雀形目	旋木雀科	*Certhia familiaris*	Eurasian Treecreeper		LC		冬候鸟	攀禽	307
274	鸥嘴噪鸥	鸻形目	鸥科	*Gelochelidon nilotica*	Common Gull-billed Tern		LC		夏候鸟	游禽	179
275	琵嘴鸭	雁形目	鸭科	*Spatula clypeata*	Northern Shoveler		LC		旅鸟	游禽	156
276	普通翠鸟	佛法僧目	翠鸟科	*Alcedo atthis*	Common Kingfisher		LC		留鸟	攀禽	293
277	普通海鸥	鸻形目	鸥科	*Larus canus*	Mew Gull		LC		旅鸟	游禽	175

（续表）

序号	中文名	目	科	学　名	英文名	保护等级	IUCN红色名录	CITES附录	居留型	生态型	页码
278	普通鵟	鹰形目	鹰科	*Buteo japonicus*	Eastern Buzzard	二级	LC	II	旅鸟	猛禽	106
279	普通鸬鹚	鲣鸟目	鸬鹚科	*Phalacrocorax carbo*	Great Cormorant		LC		旅鸟	游禽	168
280	普通秋沙鸭	雁形目	鸭科	*Mergus merganser*	Common Merganser		LC		冬候鸟	游禽	146
281	普通䴓	雀形目	䴓科	*Sitta europaea*	Eurasian Nuthatch		LC		冬候鸟	攀禽	308
282	普通燕鸻	鸻形目	燕鸻科	*Glareola maldivarum*	Oriental Pratincole		LC		夏候鸟	涉禽	257
283	普通燕鸥	鸻形目	鸥科	*Sterna hirundo*	Common Tern		LC		夏候鸟	游禽	182
284	普通秧鸡	鹤形目	秧鸡科	*Rallus indicus*	Eastern Water Rail		LC		留鸟	涉禽	194
285	普通夜鹰	夜鹰目	夜鹰科	*Caprimulgus jotaka*	Grey Nightjar		LC		夏候鸟	攀禽	280
286	普通雨燕	夜鹰目	雨燕科	*Apus apus*	Common Swift		LC		旅鸟	攀禽	283
287	普通朱雀	雀形目	燕雀科	*Carpodacus erythrinus*	Common Rosefinch		LC		旅鸟	鸣禽	458
288	翘鼻麻鸭	雁形目	鸭科	*Tadorna tadorna*	Common Shelduck		LC		旅鸟	游禽	148
289	翘嘴鹬	鸻形目	鹬科	*Xenus cinereus*	Terek Sandpiper		LC		旅鸟	涉禽	248
290	青脚滨鹬	鸻形目	鹬科	*Calidris temminckii*	Temminck's Stint		LC		旅鸟	涉禽	235
291	青脚鹬	鸻形目	鹬科	*Tringa nebularia*	Common Greenshank		LC		旅鸟	涉禽	253
292	青头潜鸭	雁形目	鸭科	*Aythya baeri*	Baer's Pochard	一级	CR		旅鸟	游禽	039
293	丘鹬	鸻形目	鹬科	*Scolopax rusticola*	Eurasian Woodcock		LC		旅鸟	涉禽	241
294	鸲姬鹟	雀形目	鹟科	*Ficedula mugimaki*	Mugimaki Flycatcher		LC		旅鸟	鸣禽	425
295	雀鹰	鹰形目	鹰科	*Accipiter nisus*	Eurasian Sparrowhawk	二级	LC	II	旅鸟	猛禽	097
296	鹊鸭	雁形目	鸭科	*Bucephala clangula*	Common Goldeneye		LC		旅鸟	游禽	145
297	鹊鹞	鹰形目	鹰科	*Circus melanoleucos*	Pied Harrier	二级	LC	II	留鸟	猛禽	101

（续表）

序号	中文名	目	科	学　名	英文名	保护等级	IUCN 红色名录	CITES 附录	居留型	生态型	页码
298	日本鹡鸰	雀形目	鹡鸰科	*Motacilla grandis*	Japanese Wagtail		LC		旅鸟	鸣禽	487
299	日本松雀鹰	鹰形目	鹰科	*Accipiter gularis*	Japanese Sparrowhawk	二级	LC	II	旅鸟	猛禽	095
300	日本鹰鸮	鸮形目	鸱鸮科	*Ninox japonica*	Northern Boobook	二级	LC	II	夏候鸟	猛禽	083
301	三宝鸟	佛法僧目	佛法僧科	*Eurystomus orientalis*	Oriental Dollarbird		LC		旅鸟	攀禽	292
302	三道眉草鹀	雀形目	鹀科	*Emberiza cioides*	Meadow Bunting		LC		留鸟	鸣禽	465
303	三趾滨鹬	鸻形目	鹬科	*Calidris alba*	Sanderling		LC		旅鸟	涉禽	238
304	三趾鸥	鸻形目	鸥科	*Rissa tridactyla*	Black-legged Kittiwake		VU		旅鸟	游禽	170
305	沙丘鹤	鹤形目	鹤科	*Antigone canadensis*	Sandhill Crane	二级	LC	II	迷鸟	涉禽	071
306	山斑鸠	鸽形目	鸠鸽科	*Streptopelia orientalis*	Oriental Turtle Dove		LC		旅鸟	陆禽	127
307	山鹡鸰	雀形目	鹡鸰科	*Dendronanthus indicus*	Forest Wagtail		LC		夏候鸟	鸣禽	441
308	山麻雀	雀形目	雀科	*Passer cinnamomeus*	Russet Sparrow		LC		留鸟	鸣禽	439
309	山鹛	雀形目	鸦雀科	*Rhopophilus pekinensis*	Beijing Hill-wabbler		LC		留鸟	鸣禽	393
310	扇尾沙锥	鸻形目	鹬科	*Gallinago gallinago*	Common Snipe		LC		旅鸟	涉禽	245
311	勺嘴鹬	鸻形目	鹬科	*Calidris pygmaea*	Spoon-billed Sandpiper	一级	CR		旅鸟	涉禽	044
312	寿带	雀形目	王鹟科	*Terpsiphone incei*	Chinese Paradise-Flycatcher		LC		旅鸟	鸣禽	335
313	树鹨	雀形目	鹡鸰科	*Anthus hodgsoni*	Olive-backed Pipit		LC		冬候鸟	鸣禽	443
314	双斑绿柳莺	雀形目	柳莺科	*Phylloscopus plumbeitarsus*	Two-barred Warbler		LC		旅鸟	鸣禽	386
315	水鹨	雀形目	鹡鸰科	*Anthus spinoletta*	Water Pipit		LC		旅鸟	鸣禽	447
316	水雉	鸻形目	水雉科	*Hydrophasianus chirurgus*	Pheasant-tailed Jacana	二级	LC		旅鸟	涉禽	491
317	丝光椋鸟	雀形目	椋鸟科	*Spodiopsar sericeus*	Red-billed Starling		LC		旅鸟	鸣禽	398

序号	中文名	目	科	学　名	英文名	保护等级	IUCN红色名录	CITES附录	居留型	生态型	页码
318	四声杜鹃	鹃形目	杜鹃科	*Cuculus micropterus*	Indian Cuckoo		LC		夏候鸟	攀禽	287
319	松雀鹰	鹰形目	鹰科	*Accipiter virgatus*	Besra	二级	LC	II	旅鸟	猛禽	096
320	松鸦	雀形目	鸦科	*Garrulus glandarius*	Eurasian Jay		LC		旅鸟	鸣禽	343
321	蓑羽鹤	鹤形目	鹤科	*Grus virgo*	Demoiselle Crane	二级	LC	II	迷鸟	涉禽	072
322	太平鸟	雀形目	太平鸟科	*Bombycilla garrulus*	Bohemian Waxwing		LC		冬候鸟	鸣禽	435
323	田鹨	雀形目	鹡鸰科	*Anthus richardi*	Richard's Pipit		LC		旅鸟	鸣禽	448
324	田鹀	雀形目	鹀科	*Emberiza rustica*	Rustic Bunting		VU		冬候鸟	鸣禽	472
325	铁爪鹀	雀形目	铁爪鹀科	*Calcarius lapponicus*	Lapland Longspur		LC		旅鸟	鸣禽	463
326	铁嘴沙鸻	鸻形目	鸻科	*Charadrius leschenaultii*	Greater Sand Plover		LC		旅鸟	涉禽	225
327	秃鼻乌鸦	雀形目	鸦科	*Corvus frugilegus*	Rook		LC		旅鸟	鸣禽	349
328	秃鹫	鹰形目	鹰科	*Aegypius monachus*	Cinereous Vulture	一级	NT	II	旅鸟	猛禽	046
329	弯嘴滨鹬	鸻形目	鹬科	*Calidris ferruginea*	Curlew Sandpiper		NT		旅鸟	涉禽	234
330	苇鹀	雀形目	鹀科	*Emberiza pallasi*	Pallas's Reed Bunting		LC		冬候鸟	鸣禽	471
331	文须雀	雀形目	文须雀科	*Panurus biarmicus*	Bearded Reedling		LC		旅鸟	鸣禽	364
332	乌雕	鹰形目	鹰科	*Clanga clanga*	Greater Spotted Eagle	一级	VU	II	旅鸟	猛禽	050
333	乌鸫	雀形目	鸫科	*Turdus mandarinus*	Chinese Blackbird		LC		留鸟	鸣禽	406
334	乌灰鸫	雀形目	鸫科	*Turdus cardis*	Japanese Thrush		LC		旅鸟	鸣禽	405
335	乌鹟	雀形目	鹟科	*Muscicapa sibirica*	Dark-sided Flycatcher		LC		旅鸟	鸣禽	416
336	西伯利亚银鸥	鸻形目	鸥科	*Larus vegae*	Vega Gull		LC		旅鸟	游禽	176
337	锡嘴雀	雀形目	燕雀科	*Coccothraustes coccothraustes*	Hawfinch		LC		旅鸟	鸣禽	455

（续表）

序号	中文名	目	科	学　名	英文名	保护等级	IUCN红色名录	CITES附录	居留型	生态型	页码
338	喜鹊	雀形目	鸦科	*Pica serica*	Oriental Magpie		LC		留鸟	鸣禽	346
339	小白额雁	雁形目	鸭科	*Anser erythropus*	Lesser White-fronted Goose	二级	VU		旅鸟	游禽	061
340	小杓鹬	鸻形目	鹬科	*Numenius minutus*	Little Curlew	二级	LC		旅鸟	涉禽	076
341	小杜鹃	鹃形目	杜鹃科	*Cuculus poliocephalus*	Lesser Cuckoo		LC		夏候鸟	攀禽	290
342	小蝗莺	雀形目	蝗莺科	*Helopsaltes certhiola*	Pallas's Grasshopper Warbler		LC		旅鸟	鸣禽	374
343	小䴙䴘	䴙䴘目	䴙䴘科	*Tachybaptus ruficollis*	Little Grebe		LC		留鸟	游禽	164
344	小青脚鹬	鸻形目	鹬科	*Tringa guttifer*	Spotted Greenshank	一级	EN	I	旅鸟	涉禽	045
345	小太平鸟	雀形目	太平鸟科	*Bombycilla japonica*	Japanese Waxwing		LC		冬候鸟	鸣禽	436
346	小天鹅	雁形目	鸭科	*Cygnus columbianus*	Tundra Swan	二级	LC		冬候鸟	游禽	058
347	小田鸡	鹤形目	秧鸡科	*Porzana pusilla*	Baillon's Crake		LC		夏候鸟	涉禽	196
348	小鹀	雀形目	鹀科	*Emberiza pusilla*	Little Bunting		LC		冬候鸟	鸣禽	473
349	小星头啄木鸟	啄木鸟目	啄木鸟科	*Yungipicus kizuki*	Japanese Spotted Woodpecker		LC		留鸟	攀禽	299
350	小鸦鹃	鹃形目	杜鹃科	*Centropus bengalensis*	Lesser Coucal	二级	LC		迷鸟	攀禽	068
351	小云雀	雀形目	百灵科	*Alauda gulgula*	Oriental Skylark		LC		留鸟	鸣禽	360
352	小嘴乌鸦	雀形目	鸦科	*Corvus corone*	Carrion Crow		LC		旅鸟	鸣禽	350
353	楔尾伯劳	雀形目	伯劳科	*Lanius sphenocercus*	Chinese Gray Shrike		LC		冬候鸟	鸣禽	342
354	星头啄木鸟	啄木鸟目	啄木鸟科	*Yungipicus canicapillus*	Grey-capped Woodpecker		LC		留鸟	攀禽	298
355	星鸦	雀形目	鸦科	*Nucifraga caryocatactes*	Spotted Nutcracker		LC		旅鸟	鸣禽	347
356	雪雁	雁形目	鸭科	*Anser caerulescens*	Snow Goose		LC		迷鸟	游禽	140
357	崖沙燕	雀形目	燕科	*Riparia riparia*	Sand Martin		LC		旅鸟	攀禽	302

（续表）

序号	中文名	目	科	学　名	英文名	保护等级	IUCN 红色名录	CITES 附录	居留型	生态型	页码
358	烟腹毛脚燕	雀形目	燕科	*Delichon dasypus*	Asian House Martin		LC		旅鸟	攀禽	305
359	岩鸽	鸽形目	鸠鸽科	*Columba rupestris*	Hill Pigeon		LC		旅鸟	陆禽	126
360	燕雀	雀形目	燕雀科	*Fringilla montifringilla*	Brambling		LC		留鸟	鸣禽	454
361	燕隼	隼形目	隼科	*Falco subbuteo*	Hobby	二级	LC	II	旅鸟	猛禽	111
362	夜鹭	鹈形目	鹭科	*Nycticorax nycticorax*	Black-crowned Night Heron		LC		留鸟	涉禽	205
363	遗鸥	鸻形目	鸥科	*Ichthyaetus relictus*	Relict Gull	一级	VU	I	冬候鸟	游禽	038
364	蚁䴕	啄木鸟目	啄木鸟科	*Jynx torquilla*	Wryneck		LC		留鸟	攀禽	296
365	银喉长尾山雀	雀形目	长尾山雀科	*Aegithalos glaucogularis*	Silver-throated Bushtit		LC		冬候鸟	鸣禽	392
366	疣鼻天鹅	雁形目	鸭科	*Cygnus olor*	Mute Swan	二级	LC		冬候鸟	游禽	056
367	游隼	隼形目	隼科	*Falco peregrinus*	Peregrine Falcon	二级	LC	I	旅鸟	猛禽	112
368	渔鸥	鸻形目	鸥科	*Ichthyaetus ichthyaetus*	Pallas's Gull		LC		旅鸟	游禽	173
369	玉带海雕	鹰形目	鹰科	*Haliaeetus leucoryphus*	Pallas's Fish Eagle	一级	EN	II	旅鸟	猛禽	048
370	鸳鸯	雁形目	鸭科	*Aix galericulata*	Mandarin Duck	二级	LC		旅鸟	游禽	062
371	远东树莺	雀形目	树莺科	*Horornis canturians*	Manchurian Bush Warbler		LC		旅鸟	鸣禽	389
372	远东苇莺	雀形目	苇莺科	*Acrocephalus tangorum*	Manchurian Reed Warbler		VU		夏候鸟	鸣禽	370
373	云雀	雀形目	百灵科	*Alauda arvensis*	Eurasian Skylark	二级	LC		留鸟	鸣禽	113
374	杂色山雀	雀形目	山雀科	*Sittiparus varius*	Varied Tit		LC		旅鸟	鸣禽	355
375	噪鹃	鹃形目	杜鹃科	*Eudynamys scolopaceus*	Western Koel		LC		迷鸟	攀禽	285
376	泽鹬	鸻形目	鹬科	*Tringa stagnatilis*	Marsh Sandpiper		LC		旅鸟	涉禽	256
377	爪哇金丝燕	夜鹰目	雨燕科	*Aerodramus fuciphagus*	Germain's Swiftlet	二级	LC		旅鸟	攀禽	494

（续表）

序号	中文名	目	科	学　名	英文名	保护等级	IUCN 红色名录	CITES 附录	居留型	生态型	页码
378	沼泽山雀	雀形目	山雀科	*Poecile palustris*	Marsh Tit		LC		冬候鸟	鸣禽	356
379	赭红尾鸲	雀形目	鹟科	*Phoenicurus ochruros*	Black Redstart		LC		旅鸟	鸣禽	427
380	针尾沙锥	鸻形目	鹬科	*Gallinago stenura*	Pintail Snipe		LC		旅鸟	涉禽	243
381	针尾鸭	雁形目	鸭科	*Anas acuta*	Northern Pintail		LC		冬候鸟	游禽	162
382	震旦鸦雀	雀形目	鸦雀科	*Paradoxornis heudei*	Reed Parrotbill	二级	NT		留鸟	鸣禽	115
383	环颈雉	鸡形目	雉科	*Phasianus colchicus*	Common Pheasant		LC		留鸟	陆禽	124
384	中白鹭	鹈形目	鹭科	*Ardea intermedia*	Intermediate Egret		LC		旅鸟	涉禽	212
385	中杓鹬	鸻形目	鹬科	*Numenius phaeopus*	Whimbrel		LC		旅鸟	涉禽	228
386	中杜鹃	鹃形目	杜鹃科	*Cuculus saturatus*	Himalayan Cuckoo		LC		夏候鸟	攀禽	289
387	中华攀雀	雀形目	攀雀科	*Remiz consobrinus*	Chinese Penduline Tit		LC		留鸟	鸣禽	359
388	中华秋沙鸭	雁形目	鸭科	*Mergus squamatus*	Scaly-sided Merganser	一级	EN		旅鸟	游禽	040
389	中华仙鹟	雀形目	鹟科	*Cyornis glaucicomans*	Chinese Blue Flycatcher		LC		旅鸟	鸣禽	488
390	朱鹂	雀形目	黄鹂科	*Oriolus traillii*	Maroon Oriole		LC		迷鸟	鸣禽	330
391	珠颈斑鸠	鸽形目	鸠鸽科	*Spilopelia chinensis*	Spotted Dove		LC		留鸟	陆禽	130
392	紫背苇鳽	鹈形目	鹭科	*Ixobrychus eurhythmus*	Schrenck's Bittern		LC		夏候鸟	涉禽	203
393	紫翅椋鸟	雀形目	椋鸟科	*Sturnus vulgaris*	Common Starling		LC		旅鸟	鸣禽	401
394	紫寿带	雀形目	王鹟科	*Terpsiphone atrocaudata*	Japanese Paradise-Flycatcher		LC		旅鸟	鸣禽	336
395	紫啸鸫	雀形目	鹟科	*Myophonus caeruleus*	Blue Whistling Thrush		LC		旅鸟	鸣禽	422
396	棕背伯劳	雀形目	伯劳科	*Lanius schach*	Long-tailed Shrike		LC		冬候鸟	鸣禽	340
397	棕腹啄木鸟	啄木鸟目	啄木鸟科	*Dendrocopos hyperythrus*	Rufous-bellied Woodpecker		LC		旅鸟	攀禽	300

（续表）

序号	中文名	目	科	学　名	英文名	保护等级	IUCN红色名录	CITES附录	居留型	生态型	页码
398	棕脸鹟莺	雀形目	树莺科	*Abroscopus albogularis*	Rufous-faced Warbler		LC		旅鸟	鸣禽	489
399	棕眉山岩鹨	雀形目	岩鹨科	*Prunella montanella*	Siberian Accentor		LC		冬候鸟	鸣禽	438
400	棕扇尾莺	雀形目	扇尾莺科	*Cisticola juncidis*	Zitting Cisticola		LC		夏候鸟	鸣禽	365
401	棕头鸥	鸻形目	鸥科	*Chroicocephalus brunnicephalus*	Brown-headed Gull		LC		旅鸟	游禽	171
402	棕头鸦雀	雀形目	鸦雀科	*Sinosuthora webbiana*	Vinous-throated Parrotbill		LC		留鸟	鸣禽	394
403	纵纹腹小鸮	鸮形目	鸱鸮科	*Athene noctua*	Little Owl	二级	LC	II	夏候鸟	猛禽	084

附录 III　鸟类结构与术语

一、鸟类结构

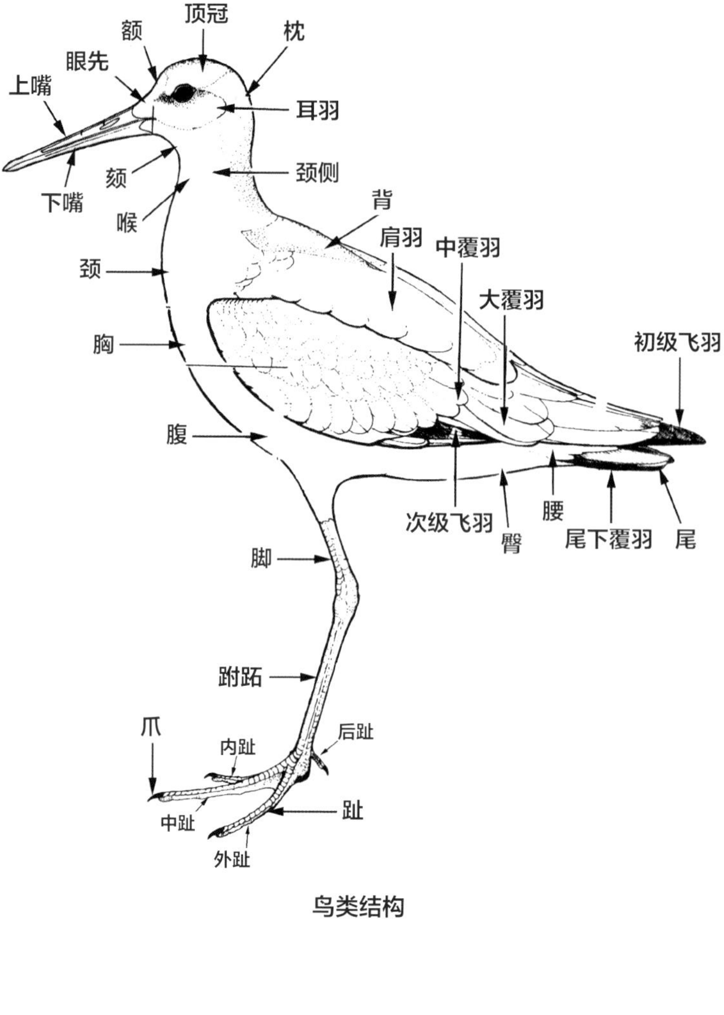

鸟类结构

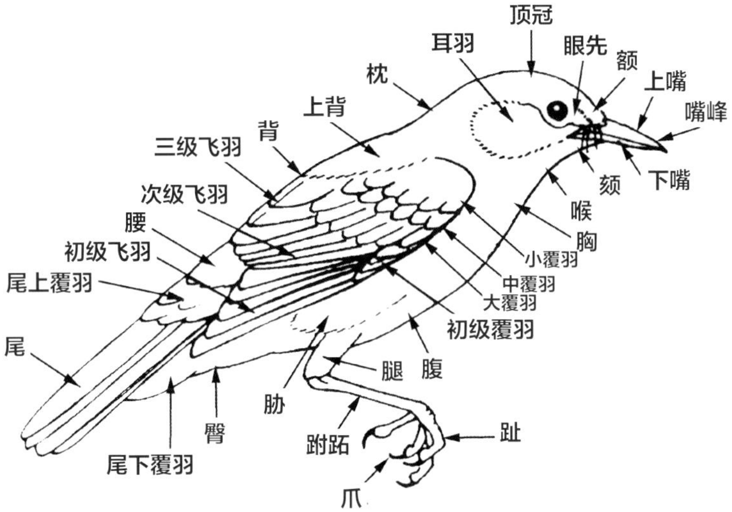
顶冠
耳羽
眼先
额
上嘴
嘴峰
枕
上背
背
三级飞羽
次级飞羽
腰
初级飞羽
尾上覆羽
尾
颏
下嘴
喉
胸
小覆羽
中覆羽
大覆羽
初级覆羽
腿
腹
胁
臀
尾下覆羽
跗跖
趾
爪

鸟类结构

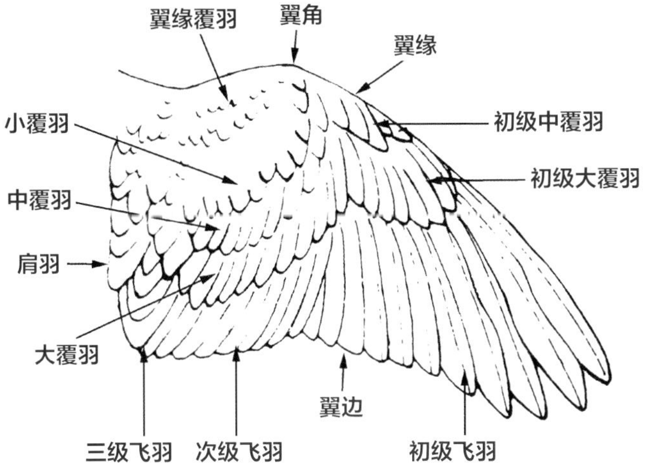
翼缘覆羽
翼角
翼缘
小覆羽
初级中覆羽
初级大覆羽
中覆羽
肩羽
大覆羽
三级飞羽
次级飞羽
翼边
初级飞羽

翼羽结构

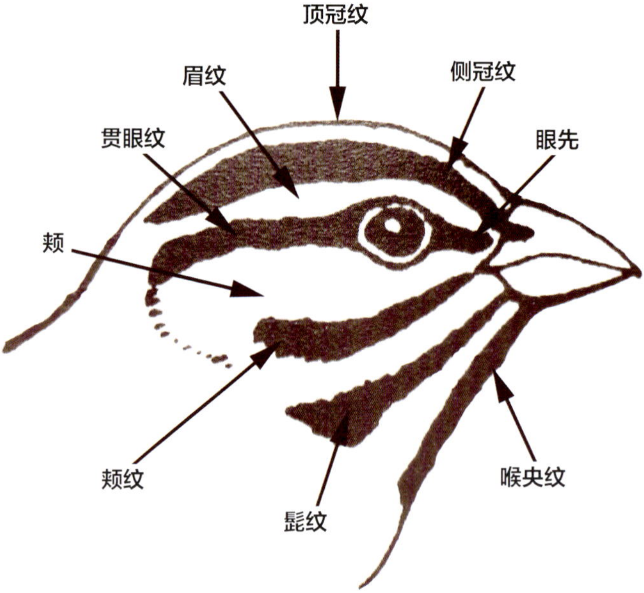

鸟的头部

二、鸟类术语

1. 鸟类身体长度术语

体长： 鸟类平展时身体的长度，分为体长或翼长，单位为 cm。

体长： 为鸟拉直平放，从嘴尖至尾端的长度。

翼长： 两翼水平张开，两翼尖的距离。

2. 鸟类居留型术语

留鸟： 全年在当地生活，春秋不进行长距离迁徙的鸟类。

夏候鸟： 春季迁徙来此繁殖，秋季再向越冬区南迁的鸟类。

冬候鸟： 冬季来此地越冬，春季再向北方繁殖区迁徙的鸟类。

旅鸟： 春秋迁徙时旅经此地，不停留或仅有短暂停留的鸟类。

迷鸟（包括偶见种）： 迁徙时偏离正常路线而到此栖息的鸟类。

3. 鸟类生长期术语

成鸟：性成熟，具有繁殖能力的鸟。

亚成鸟：第一次换羽后至成为成鸟之间的鸟。

幼鸟：离巢后至第一次换羽之间的鸟。

雏鸟：孵化后至羽毛长成之间的鸟。

夏羽：春夏季繁殖期间换上的羽，又称繁殖羽。

冬羽：繁殖期过后所换的新羽，又称非繁殖羽。

4. 鸟类脸部特征术语

贯眼纹：穿过眼部的纹线。

眉纹：眼上方的纹线。

顶冠纹：头顶中央的纹线。

侧冠纹：顶冠纹下方、眉纹上方的纹线。

眼先：眼睛前部的纹线、斑块或裸区等。

颊纹：接嘴裂的纹线。

颚纹：接下嘴的纹线。

喉纹：在喉部中央的纹线。

三、保护级别

1. 国家重点保护野生动物等级

国家一级：中国特产稀有或濒于灭绝的野生动物。

国家二级：数量较少或有濒于灭绝危险的野生动物。

2. 世界自然保护联盟（IUCN）保护级别

按濒危等级，分为以下 7 类。

绝灭（EX）：如果没有理由怀疑一分类单元的最后一个个体已经死亡，即认为该分类单元已经绝灭。

野外绝灭（EW）：如果已知一分类单元只生活在栽培、圈养条件下或者只作为自然化种群（或种群）生活在远离其过去的栖息地时，即认为该分类单元属于野外绝灭。

极危（CR）：当一分类单元的野生种群即将绝灭的概率非常高，即符合极危标准中的任何一条标准时，该分类单元即列为极危。

濒危（EN）：当一分类单元未达到极危标准，但其在未来一段时间内，其野生种群面临绝灭的概率较高，即符合濒危标准中的任何一条标准时，该分类单元即列为濒危。

易危（VU）：当一分类单元未达到极危或者濒危标准，但在未来一段时间内，其野生种群面临绝灭的概率较高，即符合易危标准中的任何一条标准时，该分类单元即列为易危。

近危（NT）：当一分类单元未达到极危、濒危或者易危标准，但在未来一段时间内，接近符合或可能符合受威胁等级，该分类单元即列为近危。

无危（LC）：当一分类单元被评估未达到极危、濒危、易危或者近危标准，该分类单元即为无危。

数据缺乏（DD）：如果没有足够的资料来直接或者间接地根据一分类单元的分布或种群状况来评估其绝灭的危险程度时，即认为该分类单元属于数据缺乏。

未予评估（NE）：如果一分类单元未经应用本标准进行评估，则可将该分类单元列为未予评估。

3.《濒危野生动植物种国际贸易公约》（CITES）

附录 I：所有受到和可能受到贸易影响而有绝灭危险的物种。

附录 II：虽未濒临绝灭，但如对其贸易不严加管理，以防止不利其生存的利用，就可能变成有绝灭危险的物种。

说明：

1. 国际通用世界自然保护联盟（IUCN）保护级别，其级别以五年为周期评估，因此具体鸟类的保护级别常有变化。

2. 中国国家重点保护野生动物等级的一级、二级与 CITES 附录 I、附录 II 保护地位相同。

3. 受威胁级别常指极危、濒危、易危三类。

附录 IV　鸟类生僻字

鹌鹑（ān chún）
疣（yóu）鼻天鹅
雉（zhì）鸡
小䴙䴘（pì tī）
蛎（lì）鹬（yù）
山斑鸠（jiū）
黑翅鸢（yuān）
大麻鳽（jiān）
普通䴓（shī）
大鸨（bǎo）
乌鸫（dōng）
普通鸬鹚（lú cí）
白鹭（lù）
红隼（sǔn）
短耳鸮（xiāo）
北红尾鸲（qú）
鸳鸯（yuān yāng）
白鹡鸰（jí líng）
领鸺鹠（xiū liú）
金眶鸻（héng）
白眉鹀（wú）
大鵟（kuáng）
卷尾鹈鹕（tí hú）
白头鹎（bēi）
鹗（è）
白尾鹞（yào）
北灰鹟（wēng）
水鹨（liù）
鹪鹩（jiāo liáo）
秃鹫（jiù）
黑尾塍（chéng）鹬
蚁䴕（liè）
灰椋（liáng）鸟
东亚石䳭（jí）